高等职业教育计算机类课程系列教材（计算机类）
江苏省高等教育教改研究立项课题"依托深度校企合作的项目课程开发"成果

网络工程案例教程

第 2 版

南京建策科技股份有限公司　编

主　编　陈　康　王继锋
副主编　赵　海　刘志国
参　编　王　磊　冯子建　桑竞榕　付红双
　　　　万　峰　吉　旭　陈　超

机械工业出版社

本书为校企"双元"合作开发的教材，注重从实战出发，按照循序渐进的方式全面、系统地介绍了网络工程项目实施的流程，以设计"具有几台 PC 的小型局域网→具有几十台到几百台 PC 的中型局域网→覆盖楼宇的网络→覆盖园区的综合性网络"为主线，以 H3C 设备为例，将网络系统的基本概念、设计和网络系统建设的基本方法和技术有机结合起来。

为方便教学，本书针对重要知识点，制作了微课视频，读者只需用手机扫一扫书中二维码，就可直接观看这些视频。

本书可以作为高职院校和应用型本科院校计算机、电子信息类相关专业网络工程课程的教学用书，也可以作为 H3C 网络技术培训或网络工程技术人员的自学参考书。

本书配有电子课件，凡使用本书作为教材的教师可登录机械工业出版社教育服务网 www.cmpedu.com 下载。咨询电话：010 - 88379375。

图书在版编目（CIP）数据

网络工程案例教程／南京建策科技股份有限公司编；陈康，王继锋主编. —2 版. —北京：机械工业出版社，2019.9（2025.1 重印）
高等职业教育计算机类课程系列教材
ISBN 978 - 7 - 111 - 63890 - 2

Ⅰ.①网… Ⅱ.①南…②陈…③王… Ⅲ.①计算机网络-高等职业教育-教材 Ⅳ.①TP393

中国版本图书馆 CIP 数据核字（2019）第 214545 号

机械工业出版社（北京市百万庄大街22号　邮政编码100037）
策划编辑：杨晓昱　　责任编辑：杨晓昱　张星瑶
责任校对：黄兴伟　　封面设计：马精明
责任印制：常天培
北京机工印刷厂有限公司印刷
2025 年 1 月第 2 版·第 4 次印刷
184mm×260mm · 15 印张 · 367 千字
标准书号：ISBN 978 - 7 - 111 - 63890 - 2
定价：39.80 元

电话服务　　　　　　　　　网络服务
客服电话：010 - 88361066　　机　工　官　网：www.cmpbook.com
　　　　　010 - 88379833　　机　工　官　博：weibo.com/cmp1952
　　　　　010 - 68326294　　金　书　网：www.golden-book.com
封底无防伪标均为盗版　　　　机工教育服务网：www.cmpedu.com

高等职业教育计算机类课程系列教材编审委员会

主任委员：

沈孟涛　南京航空航天大学

副主任委员：

王继锋　南京建策科技股份有限公司
陈　康　金陵科技学院
赵国安　中国电子学会物联网专家委员会
　　　　全国高校物联网及相关专业教学指导小组

委员：

王　敏　湖南机电职业技术学院
邓文达　长沙民政职业技术学院
刘宾成　亚信联创科技（中国）有限公司
杨　诚　常州信息职业技术学院
吴刚山　江苏农林职业技术学院
吴　军　南京工业大学
张科峰　中国电信股份有限公司江西分公司
张　骏　江苏移动通信有限责任公司
张　靖　瞻博网络（Juniper Networks）
陆春华　阿里云计算有限公司
袁宗福　南京工程学院
顾仁翔　思科系统（中国）网络技术有限公司（Cisco Systems, Inc.）
唐伟奇　长沙民政职业技术学院
梁　勇　南昌大学
蒋建锋　苏州工业园区服务外包职业学院
温　武　广州大学
鲍建成　江苏海事职业技术学院

前言

近几年云计算、大数据等相关技术迅速发展，互联网极大地改变了人们的生产、生活方式。今天，世界上有超过 30 亿人在使用互联网，人们根本无法想象回到一个没有网络、不能随时随地与朋友聊天、浏览新闻、观看视频或者在线购物的时代将会是什么样子。在这个计算机网络已经成为社会基础设施的时代，社会对网络系统的强烈需求形成了一个巨大的网络建设市场，因此也需要大量合格的网络工程师。

随着网络设备数字化的发展，"云—管—端"应用分工越来越细。企业都在重新定位、重新调整。"云"和网的融合，对企业网市场的企业来说，既是机会，更是挑战。客户的需求不再是技术、设备，甚至不是解决方案的"交钥匙工程"，而是应用和服务的整合交付。在全球企业网市场中，除了思科等国际化厂商为人们熟知外，中国本土厂商作为一支增长强劲的力量也绝对不容忽视。尤其是近年来在中国企业网络市场发展得风生水起的华为、紫光新华三等，在国内的企业网市场上，已经连续几年超过思科成为领军企业，并且在国际市场，尤其是高端市场开始崭露头角。

随着云计算、大数据等应用技术的兴起，网络工程的重要性日显突出，但网络工程相关课程的教学却遇到了一些困境。按照项目工程规范教学，势必将课程变成宣贯式的"百科全书"；按照网络配置调试规范教学，又可能将课程变成千篇一律式的"技术手册"。

作为职业化人才培养解决方案的领军企业，南京建策科技股份有限公司（以下简称"建策科技"）（证券代码：830868）长期致力于国内计算机网络培训和考试服务，在十多年的网络技术职业培训实施中不断探索，从行业视角形成了对网络工程教学的独到理解，即采用系统集成方法，系统地阐述企业网络的设计方法以及实施网络工程的过程管理方法。

建策科技在新工科建设等项目上与江苏、上海、安徽、广东等地的多所高校展开合作，在坚持多层次、多渠道、多形式、讲求实效的原则下，深入推动校企双方产学合作，协同育人。本书即为校企"双元"合作开发的教材。

本书从实战出发，按照循序渐进的方式全面、系统地介绍了网络工程项目实施的流程，以设计"具有几台 PC 的小型局域网→具有几十台到几百台 PC 的中型局域网→覆盖楼宇的网络→覆盖园区的综合性网络"为主线，以 H3C 设备为例，将网络系统的基本概念、设计和网络系统建设的基本方法和技术有机结合起来。

本书共 6 章，具体内容如下：

第 1 章 从项目工程规范角度介绍了网络工程实施的基本流程，重点介绍了 H3C HCL 模拟器的使用，为后续的学习做准备。

第 2 章 对网络工程项目中用到的企业网技术进行梳理，既涉及 VLAN 技术、生成树协议、静态路由等基础技术，也包括 OSPF、BGP、VPN 等高端技术，并重点介绍了企业网络中安全和无线这两大热点问题。

第 3 章 运用前面已掌握的项目工程理论和企业网技术，从小型企业网项目入手，帮助读者了解项目建设背景，完整体验网络工程实施过程，并对项目配置错误和流程问题进行分析。

第 4~5 章 在小型企业网项目工程实施基础上，逐步扩展到中型、综合型网络，进一步强化"需求分析—设备选型—拓扑规划—技术分析—具体配置"等项目工程实施全过程，注重分析网络规模提升所带来的技术新需求和实施难点。

第 6 章 总结三种不同规模网络工程案例实施过程，就实施过程中的技术和管理难点进行了梳理，并对未来企业网的发展趋势进行了展望。

为方便教学，本书针对重要知识点，制作了微课视频，读者只需用手机扫一扫书中二维码，就可直接观看这些视频。

本书是江苏省高等教育教改研究立项课题"依托深度校企合作的项目课程开发"（编号：2013JSJG447）成果。本书由陈康、王继锋（CCIE#12481）担任主编，赵海（H3CIE#00318）、刘志国（CCIE#20825）担任副主编，王磊（H3CIE#00316）、冯子建（CCIE#26713；HCIE#4707）、桑竟榕、付红双、万峰（CCIE#15150）、吉旭（CCIE#27769）、陈超参编。

感谢南京航空航天大学计算机科学与技术学院沈孟涛老师对编写工作的指导，感谢亚信 CMC 事业部刘宾诚经理对编写工作的支持！特别感谢机械工业出版社杨晓昱编辑！尽管编者花了大量的时间和精力来编写本书，但由于自身水平有限，书中仍可能存在一些不足之处，敬请各位读者批评、指正，万分感谢！

编　者

二维码清单

微课视频1
Access端口技术

微课视频2
Trunk端口技术

微课视频3
Hybrid端口技术

微课视频4
静态路由(1)

微课视频5
静态路由(2)

目录

前　言

二维码清单

第1章　项目工程实施流程与模拟器介绍 ········· 1
  1.1　工程实施流程 ········· 1
    1.1.1　工程的基本概念 ········· 1
    1.1.2　工程实施的具体流程 ········· 2
    1.1.3　工前准备 ········· 2
    1.1.4　工程实施 ········· 2
    1.1.5　工程收尾 ········· 3
    1.1.6　项目工程总结 ········· 3
  1.2　H3C HCL 模拟器介绍 ········· 3
    1.2.1　HCL 模拟器功能介绍 ········· 3
    1.2.2　HCL 模拟器拓扑搭建 ········· 5

第2章　企业网常用技术 ········· 11
  2.1　企业网路由交换技术 ········· 11
    2.1.1　划分 VLAN 技术 ········· 11
    2.1.2　生成树协议 ········· 14
    2.1.3　静态路由 ········· 15
  2.2　路由交换高级技术和 VPN 技术 ········· 15
    2.2.1　OSPF 协议 ········· 15
    2.2.2　BGP ········· 16
    2.2.3　VPN 技术 ········· 17
  2.3　企业网安全技术和无线技术 ········· 18
    2.3.1　企业网安全技术 ········· 18
    2.3.2　无线网络技术 ········· 26

第3章　小型企业网项目案例分析 ········· 32
  3.1　小型企业网的搭建与实施 ········· 32
    3.1.1　项目建设背景 ········· 33
    3.1.2　需求分析 ········· 33
    3.1.3　设备选型 ········· 33
    3.1.4　拓扑结构规划 ········· 34
    3.1.5　技术分析 ········· 35
    3.1.6　项目具体配置 ········· 35

  3.2 小型企业网事故案例分析 ···································· 40
    3.2.1 项目配置错误分析 ···································· 40
    3.2.2 项目实施流程问题分析 ······························ 63

第 4 章 中型企业网项目案例分析 ···································· 83
  4.1 中型企业网的搭建与实施 ···································· 83
    4.1.1 项目建设背景 ·· 83
    4.1.2 需求分析 ·· 83
    4.1.3 设备选型 ·· 84
    4.1.4 拓扑结构规划 ·· 87
    4.1.5 技术分析 ·· 89
    4.1.6 项目具体配置 ·· 91
  4.2 中型企业网事故案例分析 ···································· 98
    4.2.1 项目配置错误分析 ···································· 98
    4.2.2 项目实施流程问题分析 ····························· 104

第 5 章 综合型企业网项目案例分析 ···································· 126
  5.1 综合型企业网的搭建与实施 ································ 126
    5.1.1 项目建设背景 ·· 126
    5.1.2 需求与分析 ·· 126
    5.1.3 设备选型 ·· 131
    5.1.4 拓扑结构规划 ·· 132
    5.1.5 项目技术分析 ·· 132
    5.1.6 项目具体配置 ·· 152
  5.2 综合型企业网事故案例分析 ································ 211
    5.2.1 项目配置错误分析 ···································· 211
    5.2.2 项目实施流程问题分析 ····························· 224

第 6 章 项目工程总结与技术展望 ······································· 225
  6.1 项目工程总结 ··· 225
    6.1.1 工前准备阶段总结 ···································· 225
    6.1.2 工程实施阶段总结 ···································· 225
    6.1.3 工程收尾阶段总结 ···································· 225
    6.1.4 小型企业网项目工程技术总结 ················ 226
    6.1.5 中型企业网项目工程技术总结 ················ 226
    6.1.6 综合型企业网项目工程技术总结 ············ 226
  6.2 未来网络发展趋势与新技术介绍 ······················ 226
    6.2.1 未来网络发展趋势 ···································· 226
    6.2.2 新技术介绍 ·· 227

参考文献 ··· 229

第 1 章 项目工程实施流程与模拟器介绍

1.1 工程实施流程

近年来,随着云计算与大数据处理技术的出现以及超大规模数据中心的加快部署,计算机网络行业得以蓬勃发展,全国各地的网络工程项目越来越多。这就需要从事网络工程行业的每一位工程师能迅速、高效地完成各项任务。但是,对于"什么是网络工程项目""网络工程项目包含哪些内容""网络工程项目如何实施"这些问题,仍需要深入地研究,才能找到答案。

什么是工程?
什么是网络工程?
网络工程的流程是什么?
怎样做工程才能达到令客户满意的效果?
本章就通过工程实际流程的介绍帮助读者解答以上问题。

1.1.1 工程的基本概念

工程是以特定专业技术为主体和与之配套的相关通用技术,按照一定的规则、目标而组织的集成活动。网络工程就是通过网络专业的技术对功能分散的网络设备进行有效整合,满足企业的生产需求,达到让客户满意的生产活动。

因此,网络工程需要网络工程师按照合同要求和相关技术规范,将 IT 软、硬件整合为一个高效运行的系统,承载客户的应用,满足客户的业务要求。

网络工程实施过程中需要遵守如下原则:

1) 规范性。使用开放、标准的主流技术和协议,确保网络、系统的开放互联。
2) 可靠性。网络工程实施完成后,网络硬件和软件能够高效地在客户布点运行,满足企业的生产需求,可靠运行的时间几乎可达百分之百。
3) 可维护性。网络应采用分层、模块化的设计,配合整体网络/系统管理,优化网络/系统管理,以支持可维护性。

1.1.2 工程实施的具体流程

工程实施的流程主要分为工前准备、工程实施和工程收尾三个阶段，每个阶段都包含多个操作。通过工程实施的具体流程可帮助网络工程师明晰工程实施的思路。

工前准备：该阶段包括确定项目人员、制订项目计划、制订实施方案及安装环境准备等操作，其中"确定项目人员的示意图"如图1-1所示。

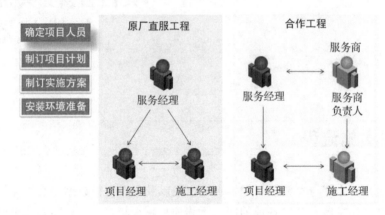

图1-1 确定项目人员示意图

工程实施：该阶段包括到货验收、安装调试及业务上线等操作。

工程收尾：该阶段包括工程培训、工程验收、工程质量考核及工程移交等操作。

1.1.3 工前准备

工前准备阶段包括确定项目人员、制订项目计划、制订实施方案和安装条件准备。

确定项目人员是指工程项目签订之后，对项目经理人选的确定，这是因为整个项目的协调工作都需要项目经理来做。一个合格的项目经理需要对项目的工程技术和施工情况进行质量控制、成本控制和科学管理，负责对公司所开放的项目建设工期、工程质量、施工安全、工程成本等进行全面的控制、管理、监督及协调。确定了项目经理之后，由项目经理组建项目组。

待项目经理掌握项目信息之后，召开工前协调会，制订项目计划，随后将完成的计划提交客户评审，若客户对该计划无异议，则后期项目的实施即按照该计划实施直至完成。

1.1.4 工程实施

工程实施阶段主要包括到货验收、安装调试和业务上线。该阶段是网络工程师主体参与的阶段。

到货验收阶段：到货后，项目工程实施工程师需要和客户同时到场，参与货物清点和开箱验货。收到货物之后需要执行以下步骤：

1）根据物流清单核对货物件数是否与清单上列出的件数相符。

2）找到货物装箱单，逐一检查每一箱货物，同时检查货品是否完好，如果出现包装破损或者设备受潮、变形等情况，需要将货品退返厂家处理。

3）进行设备安装。

1.1.5 工程收尾

工程收尾阶段包括工程培训、工程验收、工程质量考核和工程移交。

1）工程培训是针对项目工程中用到的技术（最主要的是针对日常运行维护过程中需要用到的技术、软件工具）进行培训，使客户能够进行网络的简单运维。

2）工程验收和工程质量考核主要是针对完工后的网络进行测试，测试正常之后，需要对整个项目实施的流程进行考核。

3）工程移交是指工程质量考核结束之后，项目实施方需要将整个项目文档移交给客户，同时通知客户项目已经实施完毕，并转入运维阶段。

1.1.6 项目工程总结

掌握规范的项目流程之后，最主要的一点是沟通。因为项目参与的主体是人，项目开始时需要沟通，项目进行时需要沟通，项目完成时也一样需要沟通。良好的沟通可以让项目经理随时掌握项目的动向，提前规避可能遇到的问题，最终使整个项目在保证质量的情况下按时完成。

1.2 H3C HCL 模拟器介绍

2014 年 10 月 30 日，H3C 的官方模拟器 HCL 的正式版本在官网上开放下载，此版本的性能已优化、运行稳定流畅。为了读者能够更好、更快地使用这款 HCL 模拟器，本节从实用、简单、易懂的角度出发，对 HCL 模拟器进行介绍，主要涉及 HCL 安装准备、HCL 安装步骤、HCL 的拓扑搭建以及相关的 HCL 常用功能，并且在最后给出了一个简单的小案例，以帮助读者加深对上述内容的理解。

1.2.1 HCL 模拟器功能介绍

HCL 模拟器对 PC 的硬件要求，见表 1-1。

表 1-1 HCL 模拟器对 PC 的硬件要求

需 求 项	需 求
CPU	主频：不低于 1.2GHz 内核数目：不低于 2 核 支持 VT-x 或 AMD-V 硬件虚拟技术
内存	不低于 4GB
硬盘	不低于 80GB
操作系统	不低于 Windows 7

首先查看 PC 的硬件配置。在 PC 的"我的电脑"（"计算机"）上右击，在弹出的快捷菜单中选择"属性"命令，然后在"系统属性"对话框中查看 PC 的硬件配置；或者下载安装硬

件检测软件检查 PC 的硬件配置，如图 1-2 所示。

图 1-2　查看 PC 的硬件配置

打开 H3C 官网首页（www.h3c.com.cn），进入"服务支持"→"文档与软件"→"软件下载"，在"快速检索"栏里搜索"HCL"，即可进行相关软件的下载。下载后双击 HCL 安装包，待加载界面完成后，单击"下一步"按钮直到出现如图 1-3 所示的界面，此时选择安装"Virtualbox-4.2.24"组件（注意：由于 Virtualbox 模拟器的限制，Virtualbox 不能安装在包含非英文字符的目录中）。

HCL 主界面如图 1-4 所示。

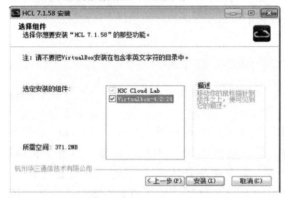

图 1-3　HCL 安装界面

图 1-4　HCL 主界面

主机包括本地主机（Host）与远端虚拟网络代理（Remote）。实验过程中使用 Host 即可，如图 1-5 所示。

线缆如图 1-6 所示，其类型及其描述见表 1-2。

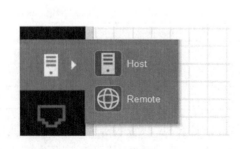

图 1-5　主机

图 1-6　线缆

表 1-2　线缆类型及其描述

类　型	描　述
Manual	手动连接模式，连线时选择类型
GigabitEthernet	仅用于 GE 口之间的连接
Ten-GigabitEthernet	仅用于 XGE（10GE）口之间的连接
Forty-GigabitEthernet	仅用于 FGE（40GE）口之间的连接
Serial	仅用于 S（Serial）口之间的连接
POS	仅用于 POS 口之间的连接
E1	仅用于 E1 口之间的连接
ATM	仅用于 ATM 口之间的连接

1.2.2　HCL 模拟器拓扑搭建

HCL 模拟器拓扑搭建步骤如下：

1）添加设备。

①在设备选择区单击相应的设备类型按钮（交换机、路由器及主机）。

②用户可以通过以下两种方式向工作台添加设备。

- 单台设备添加模式：按住设备类型按钮并拖动到工作台，松开鼠标后，完成单台设备的添加。
- 设备连续添加模式：按住设备类型按钮，鼠标指针变成设备类型图标，进入设备连续添加模式。在工作台任意位置右击或按〈Esc〉键可退出设备连续添加模式。

2）删除线缆和设备。将鼠标移动到对应线缆或者设备上右击删除即可。

3）交换机、路由器的连线。选择相应线缆，单击设备即可连线。若想显示端口名称，则在快捷工具栏右击，即可退出连线模式。

4）主机和路由器的连线/主机和交换机的连线。

若拓扑图中只有一台主机，则连线如图 1-7 所示。本地主机，也就是图 1-7 中的 Host_1，使用的是一块 PC 模拟出来的虚拟网卡，其名称是 VirtualBox Host–Only Network。用 HCL 模拟器规划拓扑图时，把路由器通过线缆连接 Host_1，就需要选择一块虚拟网卡。如图 1-7 所示，在 HCL 模拟器上将 Host_1 的 VirtualBox Host–Only Network 和 S5820V2–54QS–GE_1 路由器的 GE_0/1 接口连接就能实现 PC 和路由器的相互通信了。HCL 的 Host_1 主机是跟虚拟网卡绑定的，一台主机对应一块虚拟网卡，多用一台主机就得新建一块虚拟网卡。

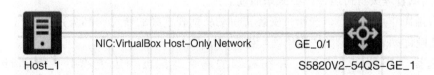

图 1-7　主机与交换机的连线

若拓扑图中有多台主机，则连线如图 1-8 所示。

图 1-8　多台主机与交换机的连线

概要：在安装结束后，右击"网络"，从弹出的快捷菜单中选择"属性"命令，在"系统属性"对话框中可以发现只多了一个 VirtualBox Host-only Network 网卡，即 HCL 虚拟网卡如图 1-9 所示。

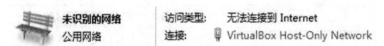

图 1-9　HCL 虚拟网卡

如果多台主机都使用 VirtualBox Host-Only Network 与网络设备进行连接，那么这时就相当于它们共用一个网卡，此时由于 HCL 中的主机都映射到这个网卡上，因此主机 IP 地址等其他信息都是一样的，这种方法很显然不可行。对此有两种解决办法：

①利用 VirtualBox 再去创建一个虚拟网卡。打开 Oracle VM VirtualBox 管理，在菜单栏中选择"管理"→"全局设定"→"网络"命令。按照如图 1-10 所示的步骤进行操作即可。此时再回到计算机桌面上，在"我的电脑"（"计算机"）上右击，执行相应的命令查看，可以发现多出一个 VirtualBox Host-Only Network。

图 1-10　Virtual Box 虚拟网卡

②在 PC 上创建 Microsoft Loopback Adapter（微软回环网卡）。具体步骤如下：

a）选择"开始"→"搜索"命令，在搜索栏中输入"hdwwiz"，在搜索结果中右击该程序，使用"以管理员身份运行"方式来启动。

b）根据操作系统向导，选择"安装我手动从列表选择的硬件（高级）"。

c）在硬件列表中，选择"网络适配器"。

d）选择"Microsoft"厂商，并在右侧的网络适配器列表中选中"Microsoft Loopback Adapter"，然后按照向导完成安装。

③查询结果。查询结果如图 1-11 所示，可以发现，其中多出一个"Microsoft Loopback Adapter"虚拟网卡。

图 1-11 "Microsoft Loopback Adapter" 虚拟网卡

5）使用 HCL 模拟器进行拓扑搭建。使用 HCL 模拟器进行拓扑搭建，将一台 MSR36-20_1 和两台 PC 互连，分别给路由器和 PC 配置 IP 地址，如图 1-12 所示。

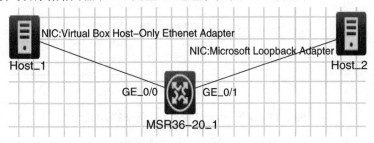

图 1-12 HCL 模拟器拓扑搭建

6）开启以及登录路由器或者交换机命令行。具体步骤如下：

①将鼠标移动到相应设备，右击并选择"配置"命令，可以将内存调到最小（这一步骤可以省略）。

②将鼠标移动到相应设备，右击并选择"启动"命令。

③启动完成后，右击并启动命令行终端。

④出现如图 1-13 所示的界面等待。若按〈Ctrl + D〉组合键，则进入用户视图。

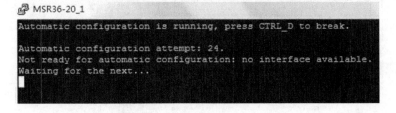

图 1-13 登录 MSR 36-20 界面

7）配置案例。其拓扑结构如图 1-14 所示。

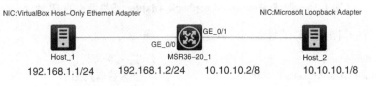

图 1-14 配置案例的拓扑结构

①给 Host_1 配置 IP 地址。具体方法为：选择"开始"→"控制面板"→"所有控制面板项"→"网络和共享中心"，单击"VirtualBox Host-only Network"，在弹出的对话框中单击"属性"按钮，再选择连接所使用的项目（TCP/IPV4），然后对 IP 地址进行配置，如图 1-15 所示。

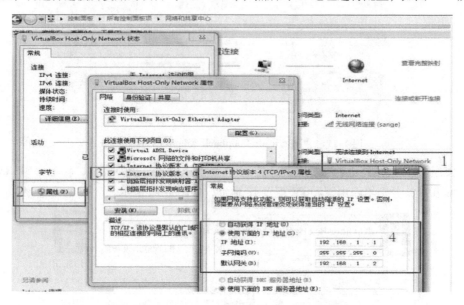

图 1-15　配置 Virtual Box 虚拟网卡的 IP 地址

②给 Host_2 配置 IP 地址。具体方法为：单击"本地连接 6"，在弹出的对话框中单击"属性"按钮，再选择连接所使用的项目（TCP/IPV4），然后对 IP 地址进行配置，如图 1-16 所示。

图 1-16　配置 Microsoft Loopback Adapter 虚拟网卡的 IP 地址

③给路由器端口配置 IP 地址。

```
<H3C>system-view                              //进入系统视图
[H3C]interface GigabitEthernet 0/0            //进入端口视图
[H3C-GigabitEthernet0/0]ip address 192.168.1.2 24   //配置 IP 地址
```

[H3C – GigabitEthernet0/0]quit　　　　　　　　//退出端口视图
[H3C]interface GigabitEthernet 0/1
[H3C – GigabitEthernet0/1]ip address 10.10.10.2 8
[H3C – GigabitEthernet0/1]quit

④测试连通性，在主机上使用 ping 命令。依次选择"开始"→"搜索"命令，在搜索框中输入"cmd"，PC 即进入 DOS 命令行窗口，如图 1-17 所示。

输入命令测试设备间连通性，注意 S 要大写。

Ping – S　192.168.1.1　192.168.1.2　//从源 Host_1 去 Ping 目的路由器端口 G0/0

Ping – S　10.10.10.1　10.10.10.2　//从源 Host_2 去 Ping 目的路由器端口 G0/1

Ping – S　192.168.1.1 10.10.10.2　//从源 Host_1 去 Ping 目的 Host_2

图 1-17　PC 进入 DOS 命令行

⑤查看测试结果。输入命令，如果返回信息和图 1-18 所示的信息相同，则表示设备间互通。

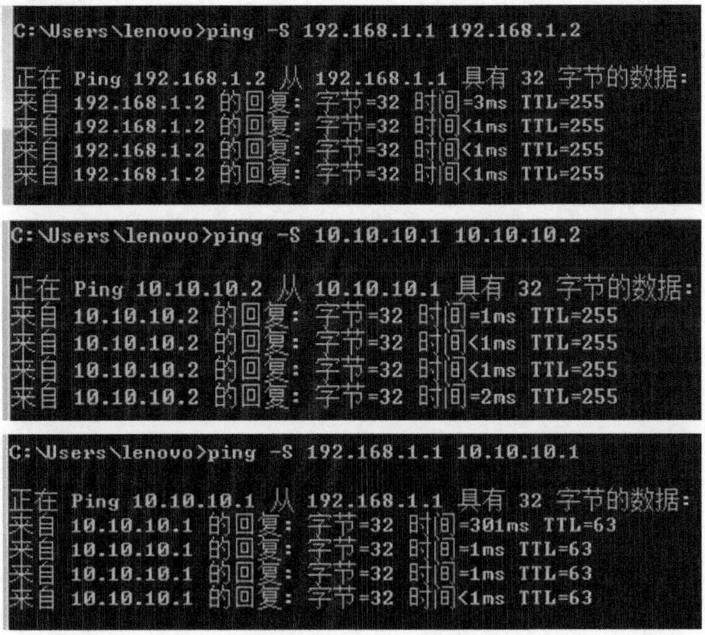

图 1-18　PC 虚拟网卡连通性测试

⑥排错。查看网络活动，如图 1-19 所示。

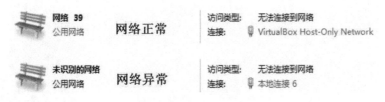

图 1-19　PC 网卡排错

若查看结果如图 1-19 上半部分所示，则表示网络正常。

若出现如图 1-19 下半部分所示的情况，则看一下 IP 地址是否配置正确。

如果第一步没有错误，则查看路由器接口地址有没有配置错误，可通过"display ip interface brief"这条命令查看，如图 1-20 所示。

```
[MSR36-20_1]display  ip interface brief
*down: administratively down
(s): spoofing  (l): loopback
Interface            Physical  Protocol  IP Address    Description
GE0/0                up        up        192.168.1.2   --
GE0/1                up        up        10.10.10.2    --
GE0/2                down      down      --            --
GE5/0                down      down      --            --
GE5/1                down      down      --            --
```

图 1-20　路由器接口 IP 地址排错

H3C 相关资源如下：

H3C 官方网站为"http：//www.h3c.com.cn"。

H3C 命令查询工具为"file：//D:/HCL/CMD-help/default.htm"，或者直接单击 HCL 界面右上角的按钮，如图 1-21 所示。

图 1-21　HCL 命令查询工具

H3C 技术甜甜圈网址为"http：//www.h3c.com.cn/MiniSite/Technology_Circle/"。

第 2 章　企业网常用技术

2.1　企业网路由交换技术

随着网络技术的发展,各种各样的新技术不断涌现,但是传统计算机网络中的重要协议技术还是占据着很突出的地位。

本章将介绍企业网组建过程中的几个网络协议以及这些协议的使用方法。

2.1.1　划分 VLAN 技术

VLAN（Virtual Local Area Network,虚拟局域网）是通过将交换机端口下连接的不同网络设备人为划分在不同网段当中,以达到实现广播隔离的效果。划分 VLAN 之后,同一个 VLAN 下的网络设备可以通信,不同 VLAN 下的网络设备不能通信。如图 2-1 所示,PCA 和 PCB 属于 VLAN 1,PCC 和 PCD 属于 VLAN 2,那么 PCA 发送的广播帧就只能返回至 PCB,不能到达 PCC 和 PCD。

划分 VLAN 之后,以太网交换机端口会有三种类型：Access、Trunk 和 Hybrid。

（1）Access 端口　通常情况下,数据帧进 Access 端口会打上 VLAN 标签,数据帧出 Access 端口会去掉 VLAN 标签。

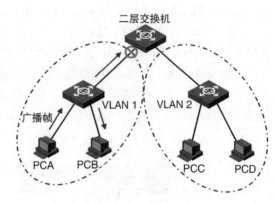

图 2-1　划分 VLAN

如图 2-2 所示,PCA 和 PCB 属于同一个 VLAN,PCA 如果需要与 PCB 通信,则 PCA 发出的数据帧交给交换机端口会打上端口所属的 VLAN 10 标签,转发至 PCB 连接的端口时,数据帧出 Access 端口会去掉端口所属的 VLAN 10 标签。

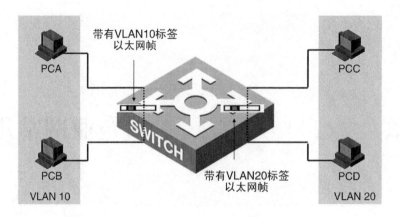

图 2-2　Access 端口

Access 处理数据帧的过程如下：
1）数据帧进 Access 端口的过程如图 2-3 所示。
2）数据帧出 Access 端口的过程如图 2-4 所示。

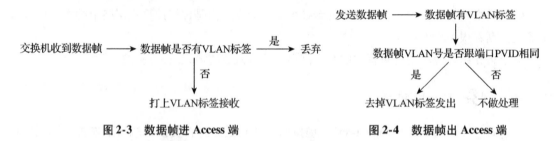

图 2-3　数据帧进 Access 端　　　　　　图 2-4　数据帧出 Access 端

总结：通常情况下，Access 端口用来连接用户终端。

（2）Trunk 端口　Trunk 端口允许多个携带不同 VLAN 标签的数据帧通过；如果数据帧的 VLAN 号和 Trunk 端口的 PVID 相同，则数据帧出 Access 端口时会去掉 VLAN 标签。

如图 2-5 所示，PCA 和 PCC 通信时，PCA 发送的普通数据帧到达 Access 端口时会打上端口所属的 VLAN 10 标签，数据帧出交换机的端口时，会查看 Trunk 端口的 permit 表，查看数据帧的 VLAN 号是否在 Trunk 端口的 permit 表中，如果在，则数据帧出 Trunk 端口会携带

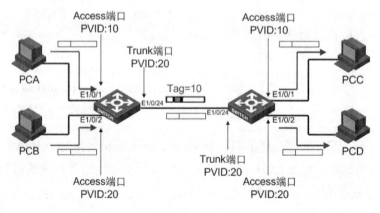

图 2-5　Trunk 端口

VLAN 标签；如果不在，则不做处理。对应端的 Trunk 端口收到数据帧，查看数据帧的 VLAN 10 是否在 Trunk 端口的 permit 表中，如果在，则携带 VLAN 标签进 Trunk 端口；如果不在，则丢弃。

PCB 和 PCD 通信时，PCB 发出的数据帧进 Access 端口时，打上端口所属的 VLAN 20 标签，数据帧出 Access 端口时，若发现数据帧的 VLAN 号 20 跟 Trunk 端口所属的 VLAN 相同，则数据帧出 Trunk 端口时要去掉 VLAN 标签。

Trunk 端口处理数据帧的过程如下：

1）数据帧进 Trunk 端口的过程如图 2-6 所示。

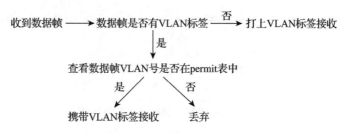

图 2-6　数据帧进 Trunk 端口

2）数据帧出 Trunk 端口的过程如图 2-7 所示。

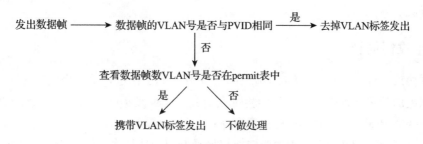

图 2-7　数据帧出 Trunk 端口

总结：通常情况下，用于交换机互连的端口是 Trunk 端口。

（3）Hybrid 端口　Hybrid 端口收到数据帧时会打上端口的 PVID 标签，数据帧出 Hybrid 端口时会查看 Untag 表，判断是否需要去掉 VLAN 标签出 Hybrid 端口，如图 2-8 所示。

PCA 和 PCC 通信时，PCA 发出的数据帧进 Hybrid 端口打上端口的 PVID：10 的 VLAN 标签；数据帧出交换机时，连接 PCC 的交换机 Hybrid 端口 Untag 表上有 VLAN 10。数据帧去掉 VLAN 标签交给 PCC。

PCA 和 PCB 通信时，PCA 发出的数据帧进

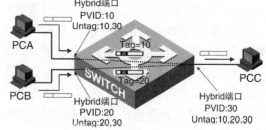

图 2-8　Hybrid 端口

Hybrid 端口打上端口的 PVID：10 的 VLAN 标签，数据帧出交换机时，连接 PCB 的交换机 Hybrid 端口 Untag 表中没有 VLAN 20，那么数据帧不能发送给 PCB。

数据帧进 Hybrid 端口的过程如图 2-9 所示。

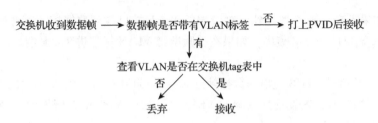

图 2-9 数据帧进 Hybrid 端口

数据帧出 Hybrid 端口的过程如图 2-10 所示。

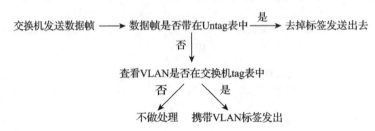

图 2-10 数据帧出 Hybrid 端口

总结：基于子网、基于协议、基于 MAC 地址的端口划分以及 isolate-user-vlan 等技术使用 Hybrid 端口。

2.1.2 生成树协议

生成树协议（Spanning Tree Protocol，STP）的作用和工作过程是一个老生常谈的问题。在网络工程课程的学习过程中，每一位学生都会听到老师反复提及这些问题，所以此处不再赘述。下面主要介绍 STP 使用时的一些注意事项：

1）默认情况下，H3C V7 版本生成树协议已经开启，并且生成树的版本是 MSTP。所以在不需要生成树的组网环境中，请关闭生成树协议。

2）如果发现交换器在开启生成树协议之后，通过 "display stp" 命令查看发现不同的交换机选举的根桥不一致时，请确保所有开启生成树协议的交换机的端口是否为 "up" 的状态，并且确定端口是否允许相应的 VLAN 数据流通过。

3）H3C 交换机采用的 STP 开销标准是 H3C 私有标准，如果需要跟其他厂商的设备互连时，就要更改 STP 的开销标准，如改成 802.1t 的标准。

4）如果开启了 MSTP，就需要确保同一个域中的交换机的 VLAN 与实例映射关系一致。在实验或工程环境中，经常有工程师配置时忘记配置域名，如果没有在交换机里输入 "Regionname"，则会导致这台交换机使用默认域名，而 H3C 交换机的默认域名是交换机的 MAC 地址，如图 2-11 所示。

```
[H3C]display  stp region-configuration
 Oper Configuration
   Format selector        : 0
   Region name            : 18acc3810200
   Revision level         : 0
   Configuration digest   : 0x9357ebb7a8d74dd5fef4f2bab50531aa
```

图 2-11 H3C 交换机 MSTP 默认域名

此时会导致有交换机输入"display stp brief"时会出现 Master 端口的角色，如图 2-12 所示。

```
[H3C]display stp brief
MST ID    Port                        Role  STP State   Protection
0         GigabitEthernet1/0/1        ROOT  FORWARDING  NONE
0         GigabitEthernet1/0/2        ALTE  DISCARDING  NONE
1         GigabitEthernet1/0/1        MAST  FORWARDING  NONE
1         GigabitEthernet1/0/2        ALTE  DISCARDING  NONE
2         GigabitEthernet1/0/1        MAST  FORWARDING  NONE
2         GigabitEthernet1/0/2        ALTE  DISCARDING  NONE
```

图 2-12　显示 Master 端口的角色

如果出现 Master 端口的角色，这时一般是有交换机与其他交换机处于不同的域，此时最主要的就是查看域名或者实例映射关系是否一致。

2.1.3　静态路由

静态路由的配置最主要的是配置的完整性，比如某些网段不可达，或者是静态路由的下一跳问题。下一跳一般是跟本路由器直连的设备端口 IP 地址。在配置静态路由时，如果出现因下一跳线缆单通而导致下一跳不可达的情况，建议配置 BFD 机制进行线路的保活，如图 2-13 所示。

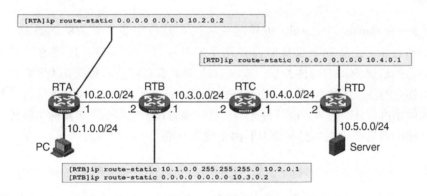

图 2-13　静态路由的配置

静态路由的配置中包含下一跳地址和出端口。一般情况下，对于 H3C 的路由器设备而言，对于广播的以太口需要指定下一跳；而对于 P2P 的串口线缆，则只需指定出端口就可以了。

思考题

广播的以太口互连的地址使用的是同一个网段的地址，请问是否可以使用不同网段的地址？如果换成 P2P 串口，是否可以使用不同网段的地址？

2.2　路由交换高级技术和 VPN 技术

2.2.1　OSPF 协议

OSPF（Open Shortest Path First，开放式最短路径优先）协议是现今使用非常广泛的一种动态路由协议。OSPF 协议的工作过程分为：发现邻居关系→建立邻接关系（这个过程会进行

LSA 的交互）→ 根据 LSDB（Link State DataBase，链路状态数据库）中 LSA（Link State Advertisement，链路状态通告）的计算选择最佳路由并加入到路由表中。

在 OSPF 协议工作的过程中，会遇到两台路由器不能形成邻居关系的情况，遇到这种情况时，排错的思路一般如下：

1）查看两台路由器的 Router ID 是否一致，如果一致，则需要重新修改 Router ID。注意：修改 Router ID 后需要重启 OSPF 进程。

2）查看两台互连的 OSPF 路由器的端口 IP 地址是否在正确的 OSPF 区域中进行了宣告。如果宣告的网段比较多，也可以采用"network 0.0.0.0 255.255.255.255"命令宣告所有网段。

3）查看两台互连的 OSPF 路由器的互连端口是否配置了静默端口。

思考题

两台互连的 OSPF 路由器，在其中一台 OSPF 路由器连接对端的端口上输入"ospf network type broadcast"，在对端的路由器端口中输入"ospf network type p2p"，观察并记录实验现象。

2.2.2 BGP

BGP（Border Gateway Protocol，边界网关协议）是一个非常复杂的动态路由选择协议。BGP 最大的特点是在建立 BGP 连接前需要建立 TCP 连接。只有 TCP 连接建立完成才能保证 BGP 路由器之间形成 BGP 对等体关系。其次就是 BGP 宣告网段，传统的 OSPF 协议只能宣告本路由器直连的网段。但是 BGP 可以在本路由协议中直接使用 network 命令宣告从其他动态路由协议学到的路由信息。同时，BGP 最无与伦比的地方在于它有非常丰富的选路控制机制。而需要重点掌握的也是 BGP 的选路机制及其路由优选原则。

思考题

如图 2-14 所示，BGP 的配置和 OSPF 的配置都按照要求配置完成，然后在 RTD 上使用 network 命令宣告 10.3.3.5/30 的网段。请问 RTA 是否可以学习到这个网段的路由？如果学习不到这个网段的路由，请分析原因。（实验配置中采用 Commware V5 的模拟器）

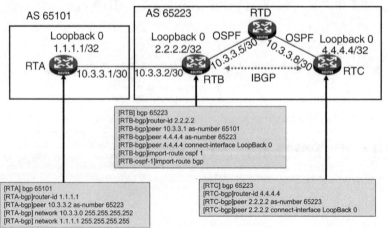

图 2-14 BGP 配置

2.2.3 VPN 技术

VPN（Virtual Private Network，虚拟专用网络）用于在公用网络上建立专用网络，以实现加密通信，在企业网络中有广泛应用。VPN 网关通过对数据包的加密和数据包目标地址的转换实现远程访问。VPN 主要按协议进行分类，可通过服务器、硬件、软件等多种方式实现。

VPN 属于远程访问技术，简单地说，就是利用公用网络架设专用网络。例如，某公司员工出差到外地，他想访问企业内网的服务器资源，这种访问就属于远程访问。

在传统的企业网络配置中，要进行远程访问，传统的方法是租用 DDN（Digital Data Network，数字数据网）专线或帧中继，这样的通信方案必然导致高昂的网络通信和维护费用。对于移动用户（移动办公人员）与远端个人用户而言，一般会通过拨号线路（Internet）进入企业的局域网，但这样必然存在安全隐患。

让外地员工访问到内网资源，利用 VPN 的解决方法就是在内网中架设一台 VPN 服务器。外地员工在当地接入 Internet 后，通过 Internet 连接 VPN 服务器，然后通过 VPN 服务器进入企业内网。为了保证数据安全，VPN 服务器和客户机之间的通信数据都进行了加密处理。有了数据加密，就可以认为数据是在一条专用的数据链路上进行安全传输，就如同专门架设了一个专用网络一样，但实际上 VPN 使用的是 Internet 上的公用链路，因此 VPN 称为虚拟专用网络，其实质就是利用加密技术在公网上封装出一个数据通信隧道。有了 VPN 技术，员工无论是在外地出差还是在家中办公，只要能接入 Internet，就能利用 VPN 访问内网资源，这就是 VPN 在企业中应用得如此广泛的原因。

VPN 技术的种类很多，包括二层 VPN（L2TP VPN、MPLS 2 层 VPN）、三层 VPN（GRE VPN、IPSEC VPN、BGP MPLS VPN），以及基于应用层的 VPN（SSL VPN）。

传统的 VPN 技术就是在私网 IP 头前嵌套公网 IP 头，以使私网报文能够在公网线路中进行路由（MPLS 技术除外，MPLS 技术采用标签来进行报文封装和转发）。

VPN 的封装技术如图 2-15 所示。

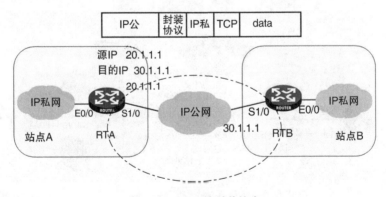

图 2-15　VPN 的封装技术

目前，对于大规模企业网络，流行采用 BGP MPLS VPN 进行网络组网。

GRE VPN 和 IPsec VPN 技术最主要的难点就是引流。所谓引流就是触发的封装。GRE VPN 触发引流是通过路由来触发，把私网的数据流交给 Tunnel 口。IPsec VPN 技术除了路由之外还有 ACL 来触发引流。

2.3 企业网安全技术和无线技术

2.3.1 企业网安全技术

1. 安全技术

网络安全是指网络系统的硬件、软件和数据的安全性不因偶然或者恶意的行为而遭受破坏、更改及泄露（见图 2-16），系统联系可靠，能正常地运行，使得网络服务不中断。

网络安全包含四个要素：机密性、完整性、不可抵赖性和身份验证。

图 2-16 网络安全技术

2. 安全技术的优势

网络安全可以保证企业网的安全性，保证其不被外部网络攻击，还能保证企业内网和外网数据通信的安全性。

3. 典型案例

下面通过一个简单的案例讲述安全防火墙的配置。

（1）防火墙 NAT 技术配置　实验拓扑图如图 2-17 所示。

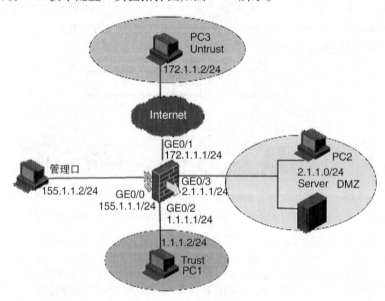

图 2-17 实验拓扑图

（2）实验设备与版本　实验设备与版本见表 2-1。

表 2-1　实验设备与版本

名称和型号	版本	数量	描述
H3C F100	V5	1	
PC	V5	5	
S3610	V5	1	
双绞线		6	

（3）实验所需技术　NAT（Network Address Translation，网络地址转换）是将 IP 数据报报头中的 IP 地址转换为另一个 IP 地址的过程。

在实际应用中，NAT 主要用于实现私有内部网络访问外部网络的功能。采用少量的公有 IP 地址代替多数的私有 IP 地址的方式将有助于减缓可用公有 IP 地址空间枯竭的速度；同时给内部网络提供一种"隐私"保护，也可以按照用户的需要给外部网络提供一定的服务。

安全域（Web 页面"系统管理——安全域管理"）设置如图 2-18 所示，其中：

G0/0 置于 Management 域（默认）；

G0/1 置于 root 设备 Untrust 域；

G0/2 置于 root 设备 Trust 域；

G0/3 置于 root 设备 DMZ 域。

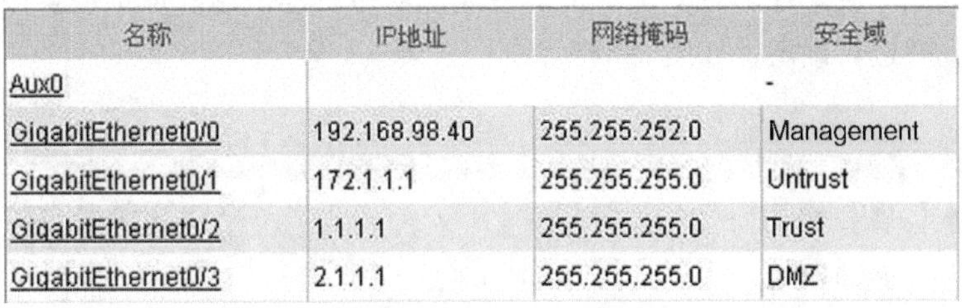

名称	IP地址	网络掩码	安全域
Aux0			-
GigabitEthernet0/0	192.168.98.40	255.255.252.0	Management
GigabitEthernet0/1	172.1.1.1	255.255.255.0	Untrust
GigabitEthernet0/2	1.1.1.1	255.255.255.0	Trust
GigabitEthernet0/3	2.1.1.1	255.255.255.0	DMZ

图 2-18　安全域设置

（4）配置 ACL

[H3C]acl number 2000

[H3C-acl-basic-2000]rule　permit

1）Easy IP 方式 NAT。

① 功能简述。地址转换时，利用访问控制列表控制指定的内部地址可以进行地址转换，并直接使用端口的公有 IP 地址作为转换后的源地址。

② 典型配置步骤。策略管理→地址转换策略→地址转换→新建→选择端口（G0/1），输入 ACL 号，选择地址转换方式"Easy IP"，并进行确定，如图 2-19 所示。

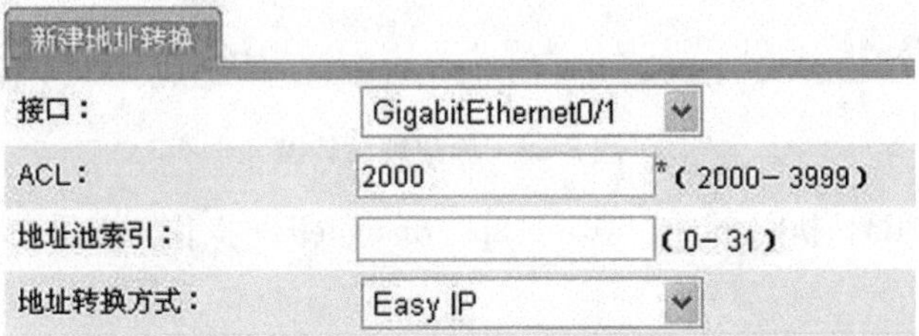

图 2-19　新建地址转换

从 PC2 上访问 PC3，执行 ping、www、ftp、dns、telnet 操作。查看会话列表，可以看到验证结果。

③ 验证结果。ping、www、ftp、dns、telnet 访问正常。查看会话列表，如图 2-20 所示。

源IP地址	目的IP地址	NAT源IP地址	NAT目的IP地址	正向VPN	反向VPN	协议	会话状态	存活时间	操作
155.1.1.2:2351	155.1.1.1:80	155.1.1.1:80	155.1.1.2:2351			TCP	TCP-EST	3600s	✕
2.1.1.1:1024	2.1.1.2:23	2.1.1.2:23	2.1.1.1:1024			TCP	TCP-EST	3592s	✕
2.1.1.2:1024	172.1.1.2:21	172.1.1.2:21	172.1.1.1:1025			TCP	TCP-EST	3592s	✕
155.1.1.2:2342	155.1.1.1:23	155.1.1.1:23	155.1.1.2:2342			TCP	TCP-EST	3592s	✕

图 2-20　查看会话列表

④ 注意事项。本配置完成后，清除防火墙中所做的配置，以防对其他配置产生影响。

2）PAT 方式 NAT。

① 功能简述。防火墙使用地址池中的 IP 地址对数据报文中的源 IP 地址进行地址转换，同时也会对源端口进行改变。

② 典型配置步骤。

• 创建地址池。对象管理→NAT 地址池→地址池→新建→输入地址池索引、开始 IP 地址和结束 IP 地址，并进行确定，如图 2-21 所示。

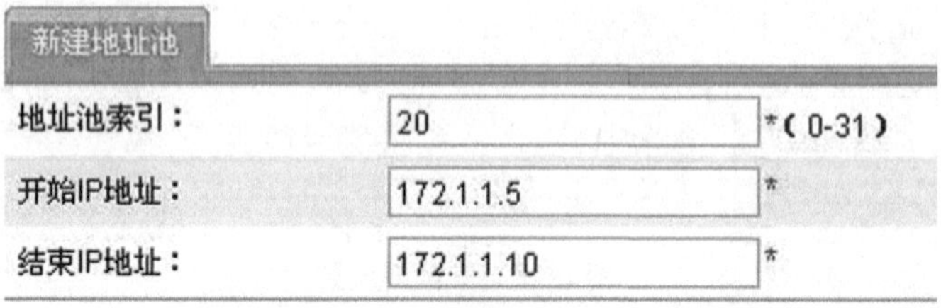

图 2-21　新建地址池

• 配置 NAT PAT。策略管理→地址转换策略→地址转换→新建→选择端口（G0/1），输入 ACL 号，输入地址池索引，选择地址转换方式"PAT"，并进行确定，如图 2-22 所示。

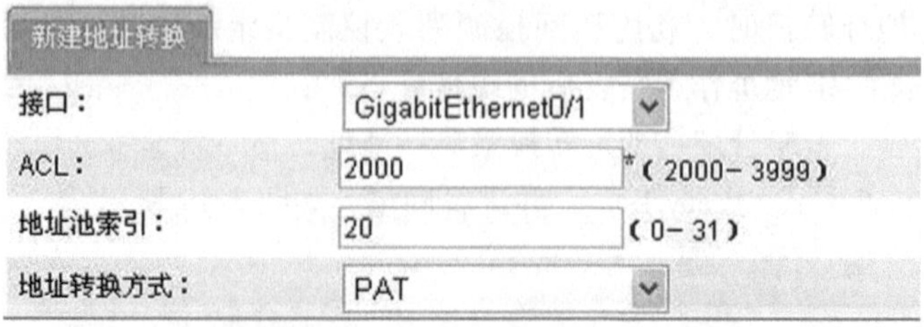

图 2-22　新建地址转换

从 PC2 上访问 PC3，执行 ping、www、ftp、dns、telnet 操作。查看会话列表，可以看到验证结果。

③ 验证结果。ping、www、ftp、dns、telnet 访问正常。查看会话列表，源端口改变，如图

2-23 所示。

源IP地址	目的IP地址	NAT源IP地址	NAT目的IP地址	正向VPN	反向VPN	协议	会话状态	存活时间
155.1.1.2:2399	155.1.1.1:80	155.1.1.1:80	155.1.1.2:2399			TCP	FIN-CLOSED	6s
2.1.1.2:1031	172.1.1.2:21	172.1.1.2:21	172.1.1.7:1028			TCP	TCP-EST	3597s
2.1.1.1:1025	2.1.1.2:23	2.1.1.2:23	2.1.1.1:1025			TCP	TCP-EST	3597s
2.1.1.2:2048	172.1.1.2:43984	172.1.1.2:0	172.1.1.7:1027			ICMP	ICMP-CLOSED	19s
172.1.1.2:20	172.1.1.7:1029	2.1.1.2:1032	172.1.1.2:20			TCP	FIN-CLOSED	2s

图 2-23　查看会话列表

④ 注意事项。本配置完成后，清除防火墙中所做的配置，以防对其他配置产生影响。

3）no-PAT 方式 NAT。

① 功能简述。防火墙使用地址池中的 IP 地址对数据报文的源 IP 地址进行地址转换，然而与 PAT 不同的是源端口不变。

② 典型配置步骤。

• 创建地址池。对象管理→NAT 地址池→地址池→新建→输入地址池索引、开始 IP 地址和结束 IP 地址，并进行确定，如图 2-24 所示。

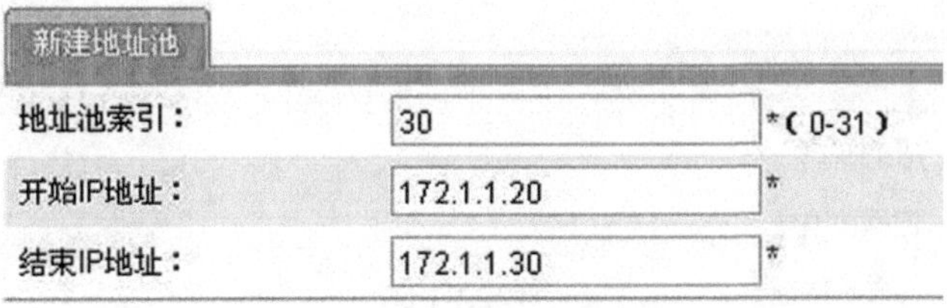

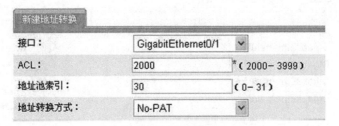

图 2-24　新建地址池

• 配置 NAT PAT。策略管理→地址转换策略→地址转换→新建→选择端口（G0/1），输入 ACL 号，输入地址池索引，选择地址转换方式"no-PAT"，并进行确定，如图 2-25 所示。

图 2-25　新建地址转换

从 PC2 上访问 PC3，执行 ping、www、ftp、dns、telnet 操作。查看会话列表，可以看到验证结果。

③ 验证结果。ping、www、ftp、dns、telnet 访问正常。查看会话列表，源端口不改变，如图 2-26 所示。

源IP地址	目的IP地址	NAT源IP地址	NAT目的IP地址	正向VPN	反向VPN	协议	会话状态	存活时间	操作
155.1.1.2:2417	155.1.1.1:80	155.1.1.1:80	155.1.1.2:2417			TCP	FIN-CLOSED	13s	✖
2.1.1.2:2048	172.1.1.2:43985	172.1.1.2:0	172.1.1.20:43985			ICMP	ICMP-CLOSED	18s	✖
155.1.1.2:2419	155.1.1.1:80	155.1.1.1:80	155.1.1.2:2419			TCP	TCP-EST	3600s	✖
2.1.1.2:1033	172.1.1.2:21	172.1.1.2:21	172.1.1.20:1033			TCP	TCP-EST	3597s	✖
2.1.1.1:1025	2.1.1.2:23	2.1.1.2:23	2.1.1.1:1025			TCP	TCP-EST	3597s	✖
172.1.1.2:20	172.1.1.20:1034	2.1.1.2:1034	172.1.1.2:20			TCP	FIN-CLOSED	1s	✖
155.1.1.2:2342	155.1.1.1:23	155.1.1.1:23	155.1.1.2:2342			TCP	TCP-EST	3597s	✖

图 2-26　查看会话列表

④ 注意事项。本配置完成后，清除防火墙中所做的配置，以防对其他配置产生影响。

4）NAT Static。

① 功能简述。防火墙对数据报文进行双向一对一地址转换，源端口或目的端口不变。指定范围内的内部主机地址转换为指定的公网网段地址，转换过程中只对网段地址进行转换。

② 典型配置步骤。

• 配置一对一地址转换。策略管理→地址转换策略→一对一地址转换→新建→输入内部IP地址和外部IP地址，并进行确定，如图 2-27 所示。

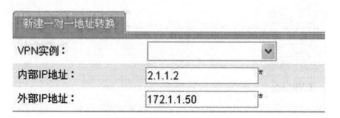

图 2-27　新建一对一地址转换

• 使能一对一地址转换。策略管理→地址转换策略→使能一对一地址转换→指定接口使能状态栏中使能（GE0/1），如图 2-28 所示。

接口名称	状态管理
GigabitEthernet0/0	○使　能
GigabitEthernet0/1	○去使能
GigabitEthernet0/2	○使　能
GigabitEthernet0/3	○使　能

图 2-28　接口状态管理

从 PC2 上访问 PC3，执行 ping、www、ftp、dns、telnet 操作。查看会话列表，可以看到验证结果。

• 创建 Untrust 域→Trust 域、Untrust 域→DMZ 域的访问控制策略。策略管理→控制策略→面向对象 ACL，如图 2-29 所示。

源域	目的域	执行顺序	VPN实例	源地址组对象	目的地址组对象	服务组对象	时间段对象	过滤动作	日志功能	操作
Untrust	Trust	1		any_address	any_address	any_service		Permit	未开启	✕
Untrust	DMZ	2		any_address	any_address	any_service		Permit	未开启	✕

图 2-29 域间访问控制策略

从 PC3 上访问 PC2，执行 ping、www、ftp、dns、telnet 操作。查看会话列表，可以看到验证结果。

③ 验证结果。ping、www、ftp、dns、telnet 访问正常。查看会话列表（PC2 至 PC3），如图 2-30 所示。

源IP地址	目的IP地址	NAT源IP地址	NAT目的IP地址	正向VPN	反向VPN	协议	会话状态	存活时间	操作
172.1.1.2:20	172.1.1.50:1038	2.1.1.2:1038	172.1.1.2:20			TCP	FIN-CLOSED	2s	✕
155.1.1.2:2502	155.1.1.1:80	155.1.1.1:80	155.1.1.2:2502			TCP	TCP-EST	3599s	✕
2.1.1.2:2048	172.1.1.2:43994	172.1.1.2:0	172.1.1.50:43994			ICMP	ICMP-CLOSED	19s	✕
2.1.1.1:1026	2.1.1.2:23	2.1.1.2:23	2.1.1.1:1026			TCP	TCP-EST	3597s	✕
155.1.1.2:2500	155.1.1.1:80	155.1.1.1:80	155.1.1.2:2500			TCP	FIN-CLOSED	9s	✕
2.1.1.2:1037	172.1.1.2:21	172.1.1.2:21	172.1.1.50:1037			TCP	TCP-EST	3597s	✕
155.1.1.2:2342	155.1.1.1:23	155.1.1.1:23	155.1.1.2:2342			TCP	TCP-EST	3597s	✕
2.1.1.2:23	172.1.1.2:2490	172.1.1.2:2490	172.1.1.50:23			TCP	TCP-EST	3595s	✕

图 2-30 查看会话列表（PC2 到 PC3）

查看会话列表（PC3 到 PC2），目的地址转换为指定的内网地址，目的端口不变，如图 2-31 所示。

源IP地址	目的IP地址	NAT源IP地址	NAT目的IP地址	正向VPN	反向VPN	协议	会话状态	存活时间	操作
172.1.1.2:2048	172.1.1.50:1280	2.1.1.2:0	172.1.1.2:1280			ICMP	ICMP-CLOSED	8s	✕
2.1.1.2:20	172.1.1.2:2508	172.1.1.2:2508	172.1.1.50:20			TCP	FIN-CLOSED	3s	✕
172.1.1.2:2505	172.1.1.50:23	2.1.1.2:23	172.1.1.2:2505			TCP	TCP-EST	3596s	✕
172.1.1.2:2506	172.1.1.50:21	2.1.1.2:21	172.1.1.2:2506			TCP	TCP-EST	3598s	✕
155.1.1.2:2509	155.1.1.1:80	155.1.1.1:80	155.1.1.2:2509			TCP	TCP-EST	3599s	✕
155.1.1.1:23	155.1.1.2:2342	155.1.1.2:2342	155.1.1.1:23			TCP	TCP-EST	3593s	✕

图 2-31 查看会话列表（PC3 到 PC2）

5）NAT Server。

① 功能简述。外部网络访问内部服务器功能。外部网络的用户访问内部服务器时，NAT

将请求报文内的目的地址转换成内部服务器的私有地址,即防火墙对数据报文进行入方向地址转换,将目的 IP 地址转换为指定地址,将目的端口转换为指定端口。

② 典型配置步骤。

● 配置 NAT Server。策略管理→地址转换策略→内部服务器→新建→选择端口、选择协议类型、输入外部 IP 地址、输入外部端口、输入内部 IP 地址、输入内部端口,并进行确定,如图 2-32 所示。

注意:本配置完成后,清除防火墙中所做的配置,以防对其他配置产生影响。

● 配置 NAT Server(指定 VPN 实例)——本例用到。策略管理→地址转换策略→内部服务器→新建→选择端口、选择 VPN 实例、选择协议类型、输入外部 IP 地址、输入外部端口、输入内部 IP 地址、输入内部端口,并进行确定,如图 2-33 所示。

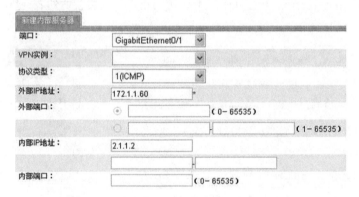

图 2-32 新建内部服务器

端口	VPN实例	外部IP地址	外部端口	内部IP地址	内部端口	协议类型	操作
GigabitEthernet0/1		172.1.1.60		2.1.1.2		1(ICMP)	
GigabitEthernet0/1		172.1.1.61	21	2.1.1.2	ftp	6(TCP)	
GigabitEthernet0/1		172.1.1.61	20	2.1.1.2	20	6(TCP)	
GigabitEthernet0/1		172.1.1.62	23	2.1.1.2	telnet	6(TCP)	

图 2-33 端口 NAT Server

● 创建 Untrust 域→Trust 域、Untrust 域→DMZ 域的访问控制策略。策略管理→访问控制策略→面向对象 ACL,如图 2-34 所示。

图 2-34 配置域间访问控制策略

从 PC3 上访问 PC2,执行 ping、www、ftp、dns、telnet 操作。查看会话列表,可以看到验证结果。

③ 验证结果。ping、www、ftp、dns、telnet 访问正常。查看会话列表，如图 2-35 所示。

源IP地址	目的IP地址	NAT源IP地址	NAT目的IP地址	正向VPN	反向VPN	协议	会话状态	存活时间	操作
2.1.1.2:20	172.1.1.2:2546	172.1.1.2:2546	172.1.1.61:20			TCP	FIN-CLOSED	2s	✖
155.1.1.2:2547	155.1.1.1:80	155.1.1.1:80	155.1.1.2:2547			TCP	TCP-EST	3600s	✖
155.1.1.1:23	155.1.1.2:2342	155.1.1.2:2342	155.1.1.1:23			TCP	TCP-EST	3592s	✖
172.1.1.2:2543	172.1.1.62:23	2.1.1.2:23	172.1.1.2:2543			TCP	TCP-EST	3596s	✖
172.1.1.2:2048	172.1.1.60:1280	2.1.1.2:0	172.1.1.2:1280			ICMP	ICMP-CLOSED	6s	✖
172.1.1.2:2544	172.1.1.61:21	2.1.1.2:21	172.1.1.2:2544			TCP	TCP-EST	3597s	✖

图 2-35 查看会话列表

注意：本配置完成后，清除防火墙中所做的配置，以防对其他配置产生影响。

6) Vlan-interface 上的 NAT。

① 功能简述。本例以 Easy IP 为例，其他 NAT 业务参照前面的典型配置，仅需在配置时选择 Vlan-interface3 端口新建地址转换即可。

② 典型配置步骤。端口模式：G0/0、G0/2、G0/3 为三层端口；G0/1 为二层 Access 口，属于 VLAN 3。

interface GigabitEthernet0/1
port link – mode bridge
port access vlan 3
combo enable copper

创建 VLAN 端口 Vlan-interface3 并配置地址。

interface Vlan – interface3
ip address 172.1.1.1 255.255.255.0。

安全域：G0/0 置于 Management 域；G0/1 置于 root 设备 Untrust 域；Vlan-interface 置于 root 设备 Untrust 域；G0/3 置于 root 设备 DMZ 域。

策略管理→地址转换策略→地址转换→新建→选择端口（Vlan-interface3），输入 ACL 号（2000），选择地址转换方式 "Easy IP"，并进行确定，如图 2-36 所示。

图 2-36 新建地址转换

从 PC2 上访问 PC3，执行 ping、www、ftp、dns、telnet 操作。查看会话列表，可以看到验证结果。

③ 验证结果。ping、www、ftp、dns、telnet 访问正常。查看会话列表，如图 2-37 所示。

源IP地址	目的IP地址	NAT源IP地址	NAT目的IP地址	正向VPN	反向VPN	协议	会话状态	存活时间	操作
155.1.1.2:2351	155.1.1.1:80	155.1.1.1:80	155.1.1.2:2351			TCP	TCP-EST	3600s	✗
2.1.1.1:1024	2.1.1.2:23	2.1.1.2:23	2.1.1.1:1024			TCP	TCP-EST	3592s	✗
2.1.1.2:1024	172.1.1.2:21	172.1.1.2:21	172.1.1.1:1025			TCP	TCP-EST	3592s	✗
155.1.1.2:2342	155.1.1.1:23	155.1.1.1:23	155.1.1.2:2342			TCP	TCP-EST	3592s	✗

图 2-37 查看会话列表

2.3.2 无线网络技术

1. 无线技术简介

无线技术也分为不同的种类，通常以产生无线信号的方式来区分。目前主要分为调频无线技术、红外无线技术和蓝牙无线技术三种，其成本和特点也不尽相同，广泛应用于音响、键盘、鼠标等，有很好的发展前景，如图 2-38 所示。

图 2-38 主要无线技术介绍

2. 无线网络的优势

无线网络有如下几点优势：

1) 让人们使用网络更加自由，免受传统有线网络位置的束缚。

2) 使网络的建设成本更经济、建设周期更短。网络建设过程中不需要繁重的穿墙、打洞，走管布线，只需要轻松放置一台 AP（Access Point，无线存取桥接器），连上网线、电源即可完成部署。

3) 随时都可以完成访问，使人们的工作变得更加高效。

无线因其诸多优点而日益受到各大中小型企业的青睐。

3. 无线 AP 分类

根据网络的规模和规划，无线 AP 可分为 FAT AP 和 FIT AP 两种。

FAT AP（FAT Access Point）俗称"胖 AP"，即单独一个设备就可以独立完成无线服务的提供，将无线终端设备接入网络当中来，一般用于小型网络或家庭网络中。

FIT AP 俗称"瘦 AP"，必须和 AC（Access Controller，无线控制器）一起配合使用才能提供无线服务，适用于大规模无线网络部署环境，如图 2-39 所示。

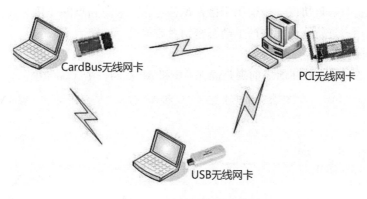

图 2-39　PC 端无线网卡连接

4．实例详解

下面通过以 FIT AP + AC 的 PSK 认证为例，讲述无线网络的配置步骤。

（1）实验目标与内容　掌握 FIT AP + AC 的 PSK 认证方法。

（2）实验拓扑图　实验拓扑图如图 2-40 所示。

图 2-40　实验拓扑图

（3）实验设备与版本　实验设备与版本见表 2-2。

表 2-2　实验设备与版本

名称和型号	版　　本	数　　量	描　　述
H3C WLAN2620-AGN	V5	1	FIT-AP
H3C WX3008	V5	1	AC
CONSOLE 线	—	1	—
网线	—	1	—

（4）实验所需技术

1）FIT AP 无法独立工作，必须配合 AC 才能发挥作用。本实验主要讲解如何通过 AC 和 FIT AP 实现 PSK 认证。

2）随着无线网络应用的普及，以及无线用户数量大规模增加，使得无线网络的安全问题显得尤为重要，而 PSK 认证可以实现利用共享密钥的方式对无线用户进行控制，对无线数据进行加密，实现数据安全。

3）PSK（Preshared Key，预共享密钥）用预共享密钥的方式对无线用户的接入进行控制，并能够动态产生密钥，从而可以保证无线局域网中的授权合法用户所交换数据的机密性，防止这些数据被恶意窃听。该协议一般适用于接入设备与客户端点到点的连接方式。PSK 通过预共享密钥的方式对用户进行认证，并产生动态密钥对数据进行加密。

（5）实验步骤

1）完成 AP 在 AC 上的注册。前提是确保 AC 和 AP 在同一个 VLAN 中。

[SW]display vlan all   // 查看交换机上连接 AC 和 AP 的端口是否在同一个 VLAN 中
VLAN ID：1
VLAN Type：static
Route Interface：not configured
Description：VLAN 0001
Name：VLAN 0001
Tagged Ports：none
Untagged Ports：
Ethernet1/0/1 Ethernet1/0/2 Ethernet1/0/3
Ethernet1/0/4 Ethernet1/0/5 Ethernet1/0/6
…
…
…

2）在 AC 上配置 DHCP 服务器，为 AP 自动分配 IP 地址。在工程中，也可以配置一台专门的 DHCP 服务器。

<H3C> system - view
System View：return to User View with Ctrl + Z.
[H3C]sysname AC
[AC]dhcp enable
DHCP is enabled successfully!   // 开启 DHCP 功能
[AC]dhcp server ip - pool jiance   // 用户可自己重新命名
[AC - dhcp - pool - pool - one]network 192.168.100.0 mask 255.255.255.0
[AC - dhcp - pool - pool - one]gateway - list 192.168.100.254   // 设置网关
[AC - dhcp - pool - pool - one]expired day 3   // 超期时间为 3 天
[AC - dhcp - pool - pool - one]quit   // 退出
[AC]dhcp server forbidden - ip 192.168.100.99   // AC 上 VLAN 1 的管理地址
[AC]display dhcp server ip - in - use all   // 查看 IP 地址分配情况
Pool utilization：0.00%
IP address Client - identifier/ Lease expiration Type
Hardware address
- - - total 0 entry - - -   //0 说明没有 IP 地址被分配出去
[AC]interface Vlan - interface 1
[AC - Vlan - interface1]ip address 192.168.100.99 24
[AC - Vlan - interface1]quit

再次查看被分配 IP 地址情况，会发现有地址被分配。

[AC]display dhcp server ip - in - use all
Pool utilization：0.39%
IP address Client - identifier/ Lease expiration Type
Hardware address Jun 21 2013 13:49:49 Auto：COMMITTED
192.168.100.1 3822 - d68d - b260

--- total 1 entry ---

以上地址是 AP 的 VLAN 1 管理地址，AP 在获得 IP 地址后，会寻找 AC 进行注册，在二层网络中，通过广播寻找到 AC 并完成注册。接下来介绍如何在 AC 上注册 AP。

3）配置 AP 注册到 AC。先找到 AP 的序列号（在 AP 的反面，S/N 后面的一串数字和字母），然后在 AC 上完成注册，注意输入时要区分大小写。步骤如下：

[AC]wlan ap ap1 model WA2620－AGN
[AC－wlan－ap－ap1]serial－id 210901A0A6811BG00137
[AC－wlan－ap－ap1]quit
[AC]display wlan ap all
Total Number of APs configured : 1
Total Number of configured APs connected : 0
Total Number of auto APs connected : 0
AP Profiles
————————————————————————————————————
AP Name APID State Model Serial－ID
————————————————————————————————————
ap1 1 RUN/M WA2620－AGN 210901A0A6811BG00137
————————————————————————————————————

请注意：

如果状态为 IDLE，表示注册失败；如果状态为 RUN/M，表示注册成功。本例中是 RUN/M，表示此时已经注册成功。注册成功后，如果使用 Console 线登录 AP，将发现无法登录到命令行界面。

4）创建无线接口，并配置 PSK 接口安全。

[AC]port－security enable   //启用 port－security
[AC]interface WLAN－ESS 1   //配置无线接口，认证方式为 PSK
[AC－WLAN－ESS1]port－security port－mode psk   //配置无线端口 WLAN－ESS1 的端口安全模式为 psk
[AC－WLAN－ESS1]port－security tx－key－type 11key   //在接口 WLAN－ESS1 下使能 11key 类型的密钥协商功能
[AC－WLAN－ESS1]port－security preshared－key pass－phrase jiancejiance   //在接口 WLAN－ESS1 下配置预共享密钥为 jiancejiance

配置如下：

[AC]port－security enable
[AC]interface WLAN－ESS1
[AC－WLAN－ESS1]port－security port－mode psk
[AC－WLAN－ESS1]port－security tx－key－type 11key
[AC－WLAN－ESS1]port－security preshared－key pass－phrase jiancejiance
[AC－WLAN－ESS1]quit

5）配置无线服务模板。

[AC]wlan service－template 1 crypto   //创建一个 crypto 类型的服务模板 1
[AC－wlan－st－1]ssid jiance－psk   //设置服务模板 1 的 SSID 为 jiance－psk
[AC－wlan－st－1]authentication－method open－system   //使能开放式系统认证
[AC－wlan－st－1]cipher－suite tkip   //使能 TKIP 加密套件

[AC-wlan-st-1] security-ie wpa   //配置信标和探查帧携带 WPA IE 信息
[AC-wlan-st-1] service-template enable   //使能服务模板
配置如下：
[AC] wlan service-template 1 crypto
[AC-wlan-st-1] ssid psk
[AC-wlan-st-1] bind WLAN-ESS 1
[AC-wlan-st-1] authentication-method open-system
[AC-wlan-st-1] cipher-suite tkip
[AC-wlan-st-1] security-ie wpa
[AC-wlan-st-1] service-template enable

6）在 AP 的射频接口中下绑定无线服务模板。

[AC] wlan ap ap1   //进入 AP1 配置视图
[AC-wlan-ap-ap1] radio 2 type dot11g   //在射频接口 WLAN-Radio 2 绑定无线服务模板 1
[AC-wlan-ap-ap1-radio-2] service-template 1
[AC-wlan-ap-ap1-radio-2] radio enable   //启用射频接口
配置如下：
[AC] wlan ap ap1
[AC-wlan-ap-ap1] radio 2 type dot11g
[AC-wlan-ap-ap1-radio-2] service-template 1
[AC-wlan-ap-ap1-radio-2] radio enable

此时计算机可以搜索到无线"jiance-psk"，通过密码"jiancejiance"，就可以接入网络，此时应该可成功得到 192.168.100.0/24 网段的地址，接着通过 ping 命令测试到 192.168.100.1 的连通性，如果通，则表示认证成功。

5. 常见故障诊断

无线网络同有线网络一样，在实际运行中需要倾注人力和财力进行管理与维护，以保证网络运行的稳定，因此用户需要了解 WLAN（Wirless LAN，无线局域网）管理与维护的工作内容。同时对于无线网络问题的处理，用户也需要掌握问题处理的一般方法及常见 WLAN 相关问题的处理方式，以提高 WLAN 排障与管理的效率。

下面介绍针对几种常见问题的排查思路。

1）无线客户端无法搜索到信号。无线客户端无法搜索到信号的原因可能有很多，但首先可以从以下几个方面进行排查：

① 设备配置是否正确。
② 设备的硬件连接是否正确、可靠。
③ 客户端硬件开关是否打开，是否处于启用状态。
④ 设备工作模式与终端工作模式是否兼容。
⑤ 可通过相关命令确定设备工作状态是否正常。

2）无线客户端网速慢或丢包严重。对于无线客户端上网速度慢或丢包严重之类的相关性能问题，首先要定位是有线侧还是无线侧的问题，再进一步进行无线侧问题的相关定位。

① 判断有线侧网络的稳定性，先排除有线侧网络的影响。
② 判断无线客户端的运行状态。

③ 判断无线网络空口质量。

④ 出现丢包情况下的空口报文分析。

3) FIT AP 注册不上。在无线控制器 + FIT AP 的应用中，FIT AP 不能成功注册是常见问题之一，可参见以下方式进行问题定位。

依照 FIT AP 的注册流程逐步排查，注册流程如下：

① 是否获取 IP 地址。

② 是否发送二层广播发现请求。

③ 是否有无线控制器发现响应。

④ 是否有版本、配置下载。

⑤ 是否有用户数据传递。

⑥ 在确定组网与配置无误的情况下，使用相关 debugging 命令收集信息协助定位。

第 3 章　小型企业网项目案例分析

3.1　小型企业网的搭建与实施

随着中国经济的蓬勃发展，中小企业日益增多，已成为中国经济最具活力，也是最多元化的组成部分。中小企业所面临的环境是机遇与挑战并存。随着 Internet 的发展，如何抓住互联网发展的浪潮增强企业核心竞争力、如何把 IT 部门的运营效率转换成为业务发展的驱动力、如何通过对信息技术的持续投入获取更多商业回报？这都是每个中小企业信息化主管应该思考的问题。

在今天的市场竞争条件下，许多中小企业都在追求高效的管理与沟通方法，发展跨地区、跨国业务，促进客户服务，增强企业的市场竞争力。市场的全球化竞争已成为趋势。对中小企业来说，在调整发展战略时，必须考虑到市场的全球竞争战略，而这一切将以信息化平台为基础、以网络通畅为保证。随着市场竞争日益激烈，中小企业迫切需要提高公司竞争力，需要实现公司信息化，而网络无疑为他们提供了一个很好的解决手段。

中小企业之所以要实现网络的搭建，主要出于以下三方面因素的要求：

首先，"大环境"要求企业建网。当今社会已步入信息时代，企业面向的不仅仅是某个地区，而应该看得更远，因为远在千里之外的人很可能正需要你的产品。而 Internet 具备使人们随时随地获取所需信息，并可与他人随时保持联系的特点，因而在社会生活中所处的地位也日益提高。基于 Internet 的电子商务开始在全球范围内兴起，带来了一种全新的商业模式。今天的 Internet 已不仅仅是了解世界、与人沟通的工具，更是拓展业务、获取财富的平台。企业通过它可以拓宽营销渠道，获取更加丰厚的利润。

其次，"人数少"要求企业建网。对于中小企业来说，人手不足是普遍存在的问题。如何让员工之间能更好地沟通、协作，以及如何在人手少的情况下，仍能把握住稍纵即逝的商机，是中小企业老板所头疼的事情。而企业通过建网，让员工保持密切联系，协调工作，进而通过网络实现电子交易，将会是信息社会发展的必然趋势。

再次，"高效率"要求企业建网。随着信息化的发展，人们生活和工作的节奏在加快，相应的企业办事效率要有所提高。通过网络，一方面，企业可以随时掌握客户的需求，更快地为客户做好服务；另一方面，企业可以把握市场随时可能发生的变化。尤其对于中小企业，产品要有更强的适应市场的能力。企业网络化能够为企业提高办公效率，加速企业内部员工间的沟通，满足移动办公的需要。另外，互联网可以作为实现企业对外宣传、信息发布的平台，能够跨越空间和时间的界限，快速实现客户信息反馈和客户跟踪，使产品应时而动，应需而变。

3.1.1　项目建设背景

某创业型公司需要搭建办公网络，希望在满足日常需求的同时，尽量节省开支，做到每一台设备都能够物尽其用。

3.1.2　需求分析

1）该办公网络通过以太网口和电信运营商网络互联，为节省开支，使用 PPPoE（Point to Point Protocol over Ethernet，基于以太网的点对点协议）拨号上网，WAN 口地址从运营商处自动获取，员工访问公网时采用 NAT 地址转换访问互联网。上班时间段 9：00～17：00 员工不能访问 Internet，其余时间则不受限。

2）企业有三个部门，分别是市场部门、工程部门和财务部门，各部门之间二层隔离，使用三层通信，员工终端主机采用 DHCP 自动获取 IP 地址。

3）为方便管理设备，核心设备需要具备远程管理功能。

4）市场和工程部门网络之间相互隔离，但它们各自可以跟财务部门通信。

3.1.3　设备选型

H3C S5820 V2 系列交换机外观示意图如图 3-1 所示。

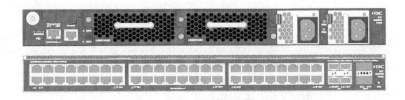

图 3-1　H3C S5820 V2 系列交换机外观示意图

H3C S5820V2 系列交换机是 H3C 公司自主研发的数据中心级以太网交换机产品，作为 H3C 虚拟融合架构（Virtual Converged Framework，VCF）的一部分，通过创新的体系架构大幅简化了数据中心网络结构，在提供高密 10GE/40GE 线速转发端口基础之上，还支持灵活的模块化可编程能力及丰富的数据中心特性。H3C S5820V2 系列交换机定位于下一代数据中心及云计算网络中的高密接入，也可用于企业网、城域网的核心或汇聚。

MSR36-20 是 H3C 自主研发的新一代多业务路由器，如图 3-2 所示。MSR36-20 既可作为中小企业的出口路由器，也可以作为政府或企业的分支接入路由器，还可以作为企业网 VPN、NAT、IPSec 等业务网关使用，与 H3C 的其他网络设备一起为政务、电力、金融、税务、公安、铁路、教育等行业用户和大中型企业用户提供全方位的网络解决方案。

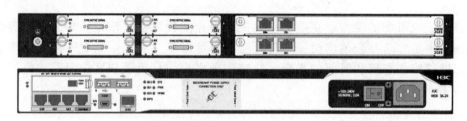

图 3-2　MSR36-20 示意图

3.1.4　拓扑结构规划

该项目的拓扑结构规划如图 3-3 所示。

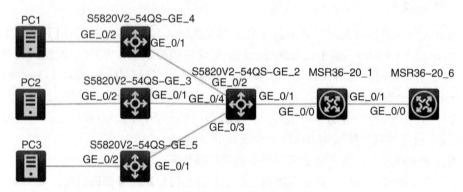

图 3-3　拓扑结构规划

1．项目设备与版本

项目设备与版本见表 3-1。

表 3-1　项目设备与版本

名称和型号	版　本	数　量	描　述
MSR36-20	H3C Comware Software，Version 7.1.059，Alpha 7159	2	
S5820V2-54QS-GE	H3C Comware Software，Version 7.1.059，Alpha 7159	4	
PC	Windows 7 Service Pack 1	3	
第 5 类 UTP 以太网连接线		8	

2．IP 地址配置

IP 地址配置见表 3-2。

表 3-2　IP 地址配置

设备名称	接　口	所属 VLAN	IP 地址
PC1		VLAN 10	DHCP 分配的地址
PC2		VLAN 20	DHCP 分配的地址
PC3		VLAN 30	DHCP 分配的地址

(续)

设备名称	接口	所属 VLAN	IP 地址
S5820V2-54QS-GE_4	G1/0/2	VLAN 10	
S5820V2-54QS-GE_3	G1/0/2	VLAN 20	
S5820V2-54QS-GE_5	G1/0/2	VLAN 30	
S5820V2-54QS-GE_2		Vlan-interface 10	10.1.1.1/24
		Vlan-interface 20	10.1.2.1/24
		Vlan-interface 30	10.1.3.1/24
	G1/0/1	Vlan-interface 40	10.1.4.1/24
MSR36-20_1	G0/0		10.1.4.2/24
	G0/1		
MSR36-20_6	G0/0		

3.1.5 技术分析

该企业办公网络的路由器 MSR36-20_1 通过 G0/1 接口和电信运营商网络互联，使用 PPPoE 拨号上网，由运营商分配公网地址，MSR36-20_1 作为 PPPoE 客户端。因为没有地址池，所以本路由器采用 Easy IP 的形式访问 Internet。

公司有三个部门，S5820V2-54QS-GE_4 是市场部门的交换机，属于 VLAN 10；S5820V2-54QS-GE_3 是工程部门的交换机，属于 VLAN 20；S5820V2-54QS-GE_5 是财务部门的交换机，属于 VLAN 30。

S5820V2-54QS-GE_2 的 G1/0/2、G1/0/3 和 G1/0/4 这三个接口分别连接公司的三个部门的交换机。三个部门之间通过 S5820V2-54QS-GE_2 实现三层互通。

三个部门的所有终端主机采用 DHCP 自动获取地址，其中市场部门使用 10.1.1.0/24 网段，工程部门使用 10.1.2.0/24 网段，财务部门使用 10.1.3.0/24 网段。

为方便管理，在 MSR36-20_1 和 S5820V2-54QS-GE_2 上配置 Telnet 功能实现远程登录。

除市场部门之外，其他部门每天 9:00～17:00 上班时间禁止访问外网，其他时间不受限制。

配置包过滤防火墙功能，使市场部门和工程部门不能访问财务部门，但各自可以访问财务部门。

3.1.6 项目具体配置

1. 建立物理连接

按照图 3-3 进行连接，并检查设备的软件版本及配置信息，确保各设备的软件版本符合要求，使所有配置为初始状态。如果配置不符合要求，请在用户模式下擦除设备中的配置文件，然后重新启动设备以使系统采用默认的配置参数初始化。

以上步骤可能会用到以下命令：

< H3C > display version
< H3C > reset saved – configuration
< H3C > reboot

2．实验配置

1）S5820V2-54QS-GE_4 作为财务部门的交换机，划分到 VLAN 10。

[H3C]vlan 10
[H3C – vlan10]port GigabitEthernet 1/0/2
[H3C – vlan10]quit
[H3C]interface GigabitEthernet 1/0/1   // 连接上层端口改成 trunk 端口
[H3C – GigabitEthernet1/0/1]port link – type trunk
[H3C – GigabitEthernet1/0/1]port trunk permit vlan 10

2）S5820V2-54QS-GE_ 3 作为市场部门的交换机，划分到 VLAN 20。

[H3C]vlan 20
[H3C – vlan20]port GigabitEthernet 1/0/2
[H3C – vlan20]quit
[H3C]interface GigabitEthernet 1/0/1
[H3C – GigabitEthernet1/0/1]port link – type trunk
[H3C – GigabitEthernet1/0/1]port trunk permit vlan 20
[H3C – GigabitEthernet1/0/1]quit
[H3C]

3）S5820V2-54QS-GE_ 5 作为工程部门的交换机，划分到 VLAN 30。

[H3C]vlan 30
[H3C – vlan30]port GigabitEthernet 1/0/2
[H3C – vlan30]quit
[H3C]interface GigabitEthernet 1/0/1
[H3C – GigabitEthernet1/0/1]port link – type trunk
[H3C – GigabitEthernet1/0/1]port trunk permit vlan 30
[H3C – GigabitEthernet1/0/1]quit

4）S5820V2-54QS-GE_ 2 需要实现不同部门之间的三层互通。

[H3C]vlan 10
[H3C – vlan10]quit
[H3C]vlan 20
[H3C – vlan20]quit
[H3C]vlan 30
[H3C – vlan30]quit
[H3C]interface GigabitEthernet 1/0/2
[H3C – GigabitEthernet1/0/2]port link – type trunk
[H3C – GigabitEthernet1/0/2]port trunk permit vlan 10
[H3C – GigabitEthernet1/0/2]quit
[H3C]interface GigabitEthernet 1/0/4
[H3C – GigabitEthernet1/0/4]port link – type trunk

[H3C-GigabitEthernet1/0/4]port trunk permit vlan 20
[H3C-GigabitEthernet1/0/4]quit
[H3C]interface GigabitEthernet 1/0/3
[H3C-GigabitEthernet1/0/3]port link-type trunk
[H3C-GigabitEthernet1/0/3]port trunk permit vlan 30
[H3C]interface Vlan-interface 10   // 给 VLAN 配置三层地址，实现不同 VLAN 互访
[H3C-Vlan-interface10]ip address 10.1.1.1 24
[H3C-Vlan-interface10]quit
[H3C]interface Vlan-interface 20
[H3C-Vlan-interface20]ip address 10.1.2.1 24
[H3C-Vlan-interface20]quit
[H3C]interface Vlan-interface 30
[H3C-Vlan-interface30]ip address 10.1.3.1 24
[H3C-Vlan-interface30]quit
[H3C]dhcp enable   // 三个部门 PC 地址通过 DHCP 协议分配
[H3C]dhcp server ip-pool 1   // 创建 DHCP 地址池
[H3C-dhcp-pool-1]network 10.1.1.0 24   // DHCP 分配给 PC 的地址段
[H3C-dhcp-pool-1]gateway-list 10.1.1.1   // 配置 PC 的网关地址
[H3C-dhcp-pool-1]dns-list 218.2.135.1   // 江苏电信 DNS 服务器地址
[H3C-dhcp-pool-1]quit
[H3C]dhcp server ip-pool 2
[H3C-dhcp-pool-2]network 10.1.2.0 24
[H3C-dhcp-pool-2]gateway-list 10.1.2.1
[H3C-dhcp-pool-2]dns-list 218.2.135.1
[H3C-dhcp-pool-2]quit
[H3C]dhcp server ip-pool 3
[H3C-dhcp-pool-3]network 10.1.3.0 24
[H3C-dhcp-pool-3]gateway-list 10.1.3.1
[H3C-dhcp-pool-3]dns-list 218.2.135.1
[H3C-dhcp-pool-3]quit
[H3C]dhcp server forbidden-ip 10.1.1.1   // 网关的地址禁止分配给 PC
[H3C]dhcp server forbidden-ip 10.1.2.1
[H3C]dhcp server forbidden-ip 10.1.3.1
[H3C]vlan 40
[H3C-vlan40]port GigabitEthernet 1/0/1
[H3C-vlan40]quit
[H3C]interface Vlan-interface 40
[H3C-Vlan-interface40]ip address 10.1.4.1 24
[H3C-Vlan-interface40]quit
[H3C]ip route-static 0.0.0.0 0 10.1.4.2
[H3C]acl advanced 3000   // 通过包过滤防火墙功能实现市场部门和工程部门禁止访问财务部门
[H3C-acl-ipv4-adv-3000]rule 0 deny ip source 10.1.1.0 0.0.0.255 destination 10.1.3.0 0.0.0.255
[H3C-acl-ipv4-adv-3000]rule 5 deny ip source 10.1.2.0 0.0.0.255 destination 10.1.3.0 0.0.0.255
[H3C-acl-ipv4-adv-3000]quit

[H3C]interface Vlan-interface 30
[H3C-Vlan-interface10]packet-filter 3000 outbound   // 包过滤防火墙生效端口和方向
[H3C-Vlan-interface10]quit
[H3C]telnet server enable
[H3C]local-user jiance class manage   // 配置 Telnet 实现远程登录
[H3C-luser-manage-jiance]password simple 456
[H3C-luser-manage-jiance]service-type telnet
[H3C-luser-manage-jiance]authorization-attribute user-role network-admin   // 配置权限
[H3C-luser-manage-jiance]quit
[H3C]user-interface vty 0
[H3C-line-vty0]authentication-mode scheme
[H3C-line-vty0]quit
[H3C]

5）MSR36-20_1 通过 PPPoE 拨号上网访问 Internet。

[H3C]dialer-group 1 rule ip permit   // 配置用户拨号口
[H3C]interface Dialer 1
[H3C-Dialer1]dialer bundle enable
[H3C-Dialer1]dialer-group 1
[H3C-Dialer1]ip address ppp-negotiate
[H3C-Dialer1]ppp chap user test   // 也可以配置 pap 验证
[H3C-Dialer1]ppp chap password simple 123
[H3C-Dialer1]quit
[H3C]interface GigabitEthernet 0/1
[H3C-GigabitEthernet0/1]pppoe-client dial-bundle-number 1
[H3C-GigabitEthernet0/1]quit
[H3C]ip route-static 0.0.0.0 0 Dialer 1   // 配置静态路由通过数据流触发 PPPoE 拨号
[H3C]interface GigabitEthernet 0/0
[H3C-GigabitEthernet0/0]ip address 10.1.4.2 24
[H3C-GigabitEthernet0/0]quit
[H3C]time-range a 09:00 to 17:00 working-day   // 配置 NAT 地址转换的生效时间
[H3C]acl basic 2000
[H3C-acl-ipv4-basic-2000]rule 0 permit source 10.1.1.0 0.0.0.255
[H3C-acl-ipv4-basic-2000]rule 5 deny source 10.1.2.0 0.0.0.255 time-range a
[H3C-acl-ipv4-basic-2000]rule 10 permit source 10.1.2.0 0.0.0.255
[H3C-acl-ipv4-basic-2000]rule 15 deny source 10.1.3.0 0.0.0.255 time-range a
[H3C-acl-ipv4-basic-2000]rule 20 permit source 10.1.3.0 0.0.0.255
[H3C-acl-ipv4-basic-2000]quit
[H3C]ip route-static 10.1.1.0 24 10.1.4.1
[H3C]ip route-static 10.1.2.0 24 10.1.4.1
[H3C]ip route-static 10.1.3.0 24 10.1.4.1
[H3C]interface Dialer 1
[H3C-Dialer1]nat outbound 2000   // 配置 Easy IP 实现地址转换
[H3C-Dialer1]quit
[H3C]telnet server enable

[H3C]local – user jiance class manage
[H3C – luser – manage – jiance]password simple 123
[H3C – luser – manage – jiance]service – type telnet
[H3C – luser – manage – jiance]authorization – attribute user – role network – admin
[H3C]user – interface vty 0
[H3C – line – vty0]authentication – mode scheme

6）MSR36-20_ 6 配置成 ISP PPPoE 服务器。

[H3C]domain system
[H3C – isp – system]authentication ppp local
[H3C – isp – system]quit
[H3C]ip pool jiance 202.1.1.2 202.1.1.10   // 配置运营商动态分配给用户的公网地址
[H3C]local – user test class network
[H3C – luser – network – test]password simple 123
[H3C – luser – network – test]service – type ppp
[H3C]interface Virtual – Template 1
[H3C – Virtual – Template1]ppp authentication – mode chap domain system
[H3C – Virtual – Template1]ip address 202.1.1.1 24
[H3C – Virtual – Template1]remote address pool jiance   // 用户公网地址采用远程分配
[H3C – Virtual – Template1]quit
[H3C]interface GigabitEthernet 0/ 0
[H3C – GigabitEthernet0/ 0]pppoe – server bind virtual – template 1
[H3C – GigabitEthernet0/ 0]quit
[H3C]

7）配置完成后，查看 PC 是否能够动态获取到 IP 地址，如图 3-4 所示。

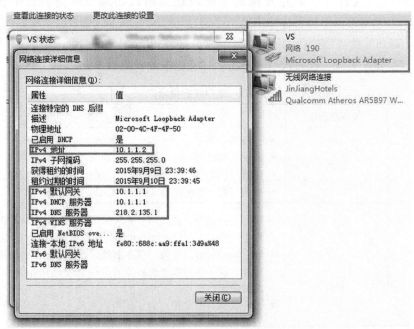

图 3-4　PC DHCP 获取地址

获取到地址之后查看网络是否连通以及是否满足要求。

3.2 小型企业网事故案例分析

3.2.1 项目配置错误分析

1. 硬件故障

（1）线路故障　设备所连接的某条线路发生故障，导致个别端口不能正常工作，并导致此端口的通信异常。

（2）端口故障　设备上的个别端口（光口、电口）出现故障，使得故障端口无法正常工作，并导致故障端口所连设备通信异常。

（3）引擎故障　设备上的某个交换端口模块出现异常，使得其关联的所有端口均无法正常工作，导致与此模块端口相关联的设备通信异常。

（4）电源故障　设备电源或者供电线路发生故障，导致设备无法正常得到供电或缺乏电源冗余。

（5）整机故障　整台设备无法正常工作，可能是因引擎或者机箱故障而导致整体设备的瘫痪。

2. 故障处理方案

（1）线路故障的处理　线路故障的主要表现为端口物理及链路协议中状态显示为"down"，相应线路对端网络设备连接不通。可通过 display interface 命令确认端口状态，并将线路转接至备份端口，检查端口状态是否依然异常，如发现线路还是不通，则应考虑更换线缆。

（2）端口故障的处理　检查端口状态指示灯是否正常（见表3-3）。

表3-3　端口状态指示灯

指示灯	颜色/变化	描述
LINK	绿色	• 接收到了信号 • 收发（RX）同步 • GBIC 或 SFP 模块已经安插上，并且没有任何错误情况出现 • 板卡与另一种 GE 光口建立了连接，并收到了信号
	不亮	• 没有任何信号。在光信号丢失的情况下会出现这种现象。比如，取出 GBIC 或 SFP 或取下光纤，导致信号丢失、收发同步失败 • 收发同步失败。在收光口不能收到光的情况下会出现这种现象。比如，取下本地收光光纤或者选端的发光光纤将会导致这种情况的发生 • 没有收到有效字符。为了保持收光口的一致和同步，收光口将找寻一个唯一的可侦测到的信号编码方式。无效字符这种错误的发生是因为收光口侦测到的信号的编码方式与设定的不相匹配，从而导致光口失去同步，连接断开的情况发生

(续)

指示灯	颜色/变化	描 述
ACTIVE	绿色	• 当开启链路协议，ACTIVE 指示灯会有绿灯亮启。比如，为某一个端口配置了 undo shutdown 命令 • 在板卡初始启动时，绿色指示灯也会亮启
ACTIVE	不亮	• 由于协商失败或者安插的 GBIC、SFP 损坏，链路协议没有开启，ACTIVE 指示灯会不亮 • 板卡硬件初始启动失败 • GBIC 或 SFP 光模块被取下、替换或者端口本身处于 shutdown 的状态，ACTIVE 指示灯会不亮。值得注意的是，新安插的板卡在未进行任何配置的情况下，板卡上的端口处于 shutdown 的状态，因此 ACTIVE 指示灯将处于熄灭状态，除非对端口进行了配置。为了检测板卡是否正常，可以在板卡加电的情况下观察其数字信号指示灯的状态，因为如果板卡安插正确，指示灯会亮启
RX FRAME	绿色	• 端口接收到了数据包
RX FRAME	不亮	• 端口未接收到数据包

故障处理步骤：使故障线路所连接的端口处于 shutdown 状态→更换线缆→使端口处于 unshutdown 状态。处理完成后，观察端口状态指示灯，结合 display interface 命令查看端口信息，检查端口是否工作正常；通过 ping 命令检查其相连端口的连通性和整个网络系统的连通性。

（3）引擎故障的检查及处理　当网络设备主引擎出现故障时，系统将自动切换到备份引擎工作，此切换不会影响系统运行。

故障诊断和状态信息收集：

1）观察引擎工作状态指示灯，查看其是否异常，通常故障时显示为红色，Supervisor 引擎指示灯说明见表 3-4。

表 3-4　Supervisor 引擎指示灯说明

指示灯	颜色	描 述
STATUS	绿色	诊断程序全部通过，引擎工作正常（正常启动过程）
STATUS	橙色	引擎正在启动或自检（正常启动过程时），或某处温度超标（温度传感器检测值超过正常值）
STATUS	红色	诊断程序未通过，引擎工作不正常，启动过程出错或关键温度指标超标
SYSTEM	绿色	机箱各个环境指标正常
SYSTEM	橙色	检测到非致命硬件错误
SYSTEM	红色	检测到严重硬件错误
ACTIVE	绿色	引擎工作正常，此引擎是主引擎
ACTIVE	橙色	引擎工作正常，此引擎是备用引擎
PWR MGMT	橙色	正在启动，运行自检
PWR MGMT	绿色	电源管理工作正常，对所有模块都提供足够电力供应
PWR MGMT	橙色	电源管理由小问题，不能对所有模块都提供足够电力供应
PWR MGMT	红色	出现严重故障

2）分别以 Console 方式登录主、备引擎，通过 display switchover state 命令查看引擎状态是否异常。

3）通过 display switchover state 命令查看更替后的新引擎工作状态是否正常，备用引擎上线后非 Slave 状态为异常。

（4）电源故障的检查及处理　新型网络结构全部设计为双机冗余，一旦发生电源故障，立即由主电源切换至备份电源，不影响业务的运行。

注意：需要将同一台设备的两路电源连接到不同的供电系统，以防供电中断导致全部系统中断。

故障诊断和状态信息收集：

1）观察电源工作状态指示灯，查看其状态是否异常。

2）查看电源是否松动、未插紧。

3）通过命令方式（display power）校验其状态，非 Normal 状态为异常。

4）考虑更换电源硬件。

（5）整机故障的检查及处理　网络结构全部设计为双机冗余，一旦发生整机故障，立即由设备切换至备份设备，不影响业务的运行。

按照新线安全设备应急备份策略原则，该区域的故障设备用一台正常的设备替换，并且把所有配置导入备机并存放在内存中。当发生整机故障时，把发生故障设备的配置导出即可，如果故障导致无法登录安全设备，则使用备机的配置文件进行简单修改即可，然后替换故障设备，即可恢复生产和原有拓扑结构。

故障诊断和状态信息收集：

1）观察设备引擎、板卡、电源状态指示灯，判断其是否正常，红色或灯灭为异常。

2）通过命令方式（display device、display environment）查看设备工作状态是否正常，非 Normal 状态均为异常。

验证：

1）通过命令方式（display device、display environment）查看设备工作状态是否正常。

2）通过 display ip int brief 命令查看备份端口状态是否正常，并查看物理层及链路层是否均为 up。

3）通过 ping 命令测试网络的连通性。

3. 设备日常维护指导

设备日常维护指导见表 3-5。

表 3-5　设备日常维护指导

维护类别	维护项目	操作指导	参考标准
设备运行环境	电源	查看电源监控系统或测试电源输出电压	电压输出正常，无异常告警
	温度	测试温度	工作环境温度：0~45℃ 贮存环境温度：-40~+70℃
	湿度	测试湿度	工作环境湿度：10%~90%（无冷凝） 贮存环境湿度：5%~95%（无冷凝）
	其他状况（火警、烟尘）	查看消防控制系统告警状态	消防控制系统无告警，若无条件，则以肉眼判断为准

(续)

维护类别	维护项目	操作指导	参考标准
设备运行状态	电源指示灯状态	查看电源指示灯状态	电源指示灯显示正常
	系统指示灯状态	查看系统指示灯状态	系统指示灯显示正常
	CF 指示灯状态	查看 CF 指示灯状态	CF 指示灯显示正常
	电源线连接情况	检查电源线连接是否安全可靠	• 各连接处安全、可靠 • 线缆无腐蚀、无老化
	线缆连接情况	检查线缆连接是否安全可靠	• 各连接处安全、可靠 • 线缆无腐蚀、无老化
	其他线缆连接情况	检查其他线缆连接是否安全可靠	• 各连接处安全、可靠 • 线缆无腐蚀、无老化
设备配置检查	系统登录	检查是否可以登录设备	系统可正常通过 Telnet、Console 等方式登录
	系统时间及运行状态信息	检查系统时间及运行状态	系统时间设定正常，运行状态信息显示正常
	业务配置管理信息	检查系统业务配置管理信息	系统各功能项配置正常，符合网络规划设计要求
	系统日志信息	检查系统日志信息	日志中无异常告警记录

4．网络设备故障软件分析

（1）台式 PC 检查　先检查 PC 是否获取到 IP 地址，如果没有获取到正确的 IP 地址，则在 PC 的 Windows 操作系统桌面上选择"开始"→"运行"命令，在弹出的"运行"对话框中输入"cmd"，然后在打开的窗口中输入"ipconfig/release"，再输入"ipconfig/renew"。

思考题

PC 在自动获取 IP 地址等相关信息时，也会获取到网关地址，如图 3-5 所示。

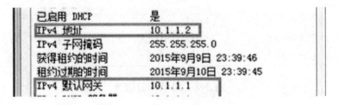

图 3-5　PC 自动获取 IP 地址

请问：获取到网关 IP 地址的作用是什么？如果 PC 没有获取到网关 IP 地址，会导致什么问题？试分析为什么会出现这个问题？（请在 PC 的系统桌面上选择"开始"→"运行"命令，在弹出的"运行"对话框中输入命令"cmd"然后在打开的窗口中输入"route print"后观察现象，再解释）

PC 是否可以配置路由？如何配置？

（2）二层交换故障分析

先查看物理端口的状态：

［H3C］display　interface GigabitEthernet 1/0/2
GigabitEthernet1/0/2
Current state：UP
Line protocol state：UP

出现双 UP 的状态说明端口是正常的。但如果出现如下状态（down），则说明物理端口没有正常 up，需要检查物理端口或者线缆硬件是否正常工作。

［H3C］display　interface GigabitEthernet 1/0/2
GigabitEthernet1/0/2
Current state：down

如果出现如下状态说明端口协议 down，可能是人为地在端口上配置了 shutdown 命令。若要启用端口，则可输入 "undo shutdown"。

［H3C］display　interface GigabitEthernet 1/0/2
GigabitEthernet1/0/2
Current state：Administratively DOWN

查看端口类型和所属的 VLAN 是否与项目要求一致。

［H3C］display　interface　brief

查过结果如图 3-6 所示。

```
GE1/0/2                 UP    1G(a)   F(a)    A    10
```

图 3-6　查看端口信息

通过排查发现 G1/0/2 类型是 Access 端口，从属 VLAN 10，符合要求。如果不符合，请重新设置端口所属 VLAN。

［H3C］display　interface GigabitEthernet 1/0/1

查看结果如图 3-7 所示。

```
Port link-type: trunk
 VLAN Passing:    1(default vlan), 10, 20, 30
 VLAN permitted: 1(default vlan), 10, 20, 30
```

图 3-7　显示端口信息

G1/0/2 连接上层交换机，物理端口类型是 Trunk 端口。Trunk 端口通常用来连接上层交换机，通过排查发现符合实验要求。检查 Trunk 端口允许通过的 VLAN，permitted 是配置允许通过的 VLAN，真正能通过的 VLAN 是 passing 表中的 VLAN。如果只有 VLAN 1，没有看到 VALN 10、VLAN 20 和 VLAN 30，则需要检查交换机是否已经创建 VLAN 10、VLAN 20 和 VLAN 30，如图 3-8 所示。

```
[H3C]display  vlan
 Total VLANs: 4
 The VLANs include:
 1(default)
```

图 3-8　错误端口配置信息查看

如果观察发现交换机只有 VLAN 1，那么需要手工创建 VLAN 10、VLAN 20 和 VLAN 30。

（3）静态路由故障分析　静态路由的生效的条件是下一跳必须可达，若下一跳不可达，则通过 display ip routing-table 命令查看 IP 路由表，是无法看到该静态路由的。

静态路由的配置要点：配置完整的静态路由，即如果无特殊要求的情况下，在每台路由器上配置到达每一个未知非直连网段的路由，如图 3-9 所示。

```
[H3C]display ip routing-table

Destinations : 25        Routes : 25

Destination/Mask    Proto    Pre Cost        NextHop         Interface
0.0.0.0/0           Static   60  0           10.1.4.2        Vlan40
```

图 3-9　显示静态路由信息

5. 实训练习

练习项目的拓扑如图 3-10 所示。

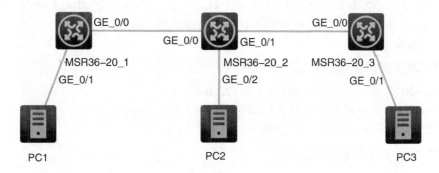

图 3-10　练习项目的拓扑

1) 本实验所需主要设备见表 3-6。

表 3-6　实验设备和器材

名称和型号	版　本	数　量
MSR36-20	H3C Comware Software，Version 7.1.059，Alpha 7159	3
PC	Windows 7 Service Pack 1	3
第 5 类 UTP 以太网连接线		6

2) IP 地址配置，见表 3-7。

表 3-7　IP 地址配置

设备名称	端　口	IP 地址
PC1		10.1.1.2/24
PC2		20.1.1.2/24
PC3		30.1.1.2/24

(续)

设备名称	端口	IP 地址
MSR36-20_1	G0/0	192.168.1.1/24
	G0/1	10.1.1.1/24
MSR36-20_2	G0/0	192.168.1.2/24
	G0/1	192.168.2.1/24
	G0/2	20.1.1.1/24
MSR36-20_3	G0/0	192.168.2.2/24
	G0/1	30.1.1.1/24

3）配置静态路由，保证全网互通。静态路由的配置最主要的是分析判断出该路由器的直连网段有哪些，只要是非直连的网段，都需要配置静态路由。一旦掌握这个技巧，配置起来就简单了。下面以 MSR36-20_1 为例（其他设备分析过程类似）。MSR36-20_1 直连的网段是 10.1.1.0/24、192.168.1.0/24 和 192.168.2.0/24，非直连的网段是 20.1.1.0/24、30.1.1.0/24 和 192.168.3.0/24，所以需要配置到达这三个网段的静态路由。

4）实验配置。

MSR36-20_1 路由器静态路由配置：

[MSR36 – 20_1] ip route – static 20.1.1.0 24 192.168.1.2
[MSR36 – 20_1] ip route – static 30.1.1.0 24 192.168.1.2
[MSR36 – 20_1] ip route – static 192.168.2.0 24 192.168.1.2

MSR36-20_2 路由器静态路由配置：

[MSR36 – 20_2] ip route – static 10.1.1.0 24 192.168.1.1
[MSR36 – 20_2] ip route – static 30.1.1.0 24 192.168.2.2

MSR36-20_3 路由器静态路由配置：

[MSR36 – 20_3] ip route – static 10.1.1.0 24 192.168.2.1
[MSR36 – 20_3] ip route – static 20.1.1.0 24 192.168.2.1
[MSR36 – 20_3] ip route – static 192.168.1.0 24 192.168.2.1

思考题

如果将 MSR36-20_2 中的两条静态路由改写成两条默认路由 [MSR36-20_2] ip route-static 0.0.0.0 0 192.168.1.1 和 [MSR36-20_2] ip route-static 0.0.0.0 0 192.168.2.2？如果可以，请说明理由；如果不可以，请说明会导致的结果。

在图 3-10 中 MSR36-20_1 路由器上的 G0/0 端口上通过 undo ip address 命令来查看静态路由是否还存在本路由器的 IP 路由表中，结果发现静态路由已经从本路由器的路由表中消失。但是如果是在 MSR363-1020_2 的 G0/0 端口上输入 undo ip address 命令，观察发现静态路由依然存在本路由器的 IP 路由表中，如图 3-11 所示。

```
[H3C]display ip routing-table

Destinations : 19        Routes : 19
Destination/Mask    Proto     Pre Cost     NextHop          Interface
0.0.0.0/32          Direct    0   0        127.0.0.1        InLoop0
10.1.1.0/24         Direct    0   0        10.1.1.1         GE0/1
10.1.1.0/32         Direct    0   0        10.1.1.1         GE0/1
10.1.1.1/32         Direct    0   0        127.0.0.1        InLoop0
10.1.1.255/32       Direct    0   0        10.1.1.1         GE0/1
20.1.1.0/24         Static    60  0        192.168.1.2      GE0/0
30.1.1.0/24         Static    60  0        192.168.1.2      GE0/0
```

图 3-11　查看路由表中的静态路由

但此时从 PC 上 Ping 目的地址发现 Ping 不通，如图 3-12 所示。

```
C:\Users\    >ping -S 10.1.1.2 30.1.1.2

正在 Ping 30.1.1.2 从 10.1.1.2 具有 32 字节的数据:
请求超时。
请求超时。
```

图 3-12　通过 Ping 命令进行检测

　　此时的网络就像一个陷阱，静态路由继续生效，但是由于端口已经没有 IP 地址，此时网络已经失去连通性。还有一种情况，就是双绞线故障，承载数据传输的 1、2、3 和 6 号线缆出现问题，导致设备端口是 up 的，但是数据传输已经中断，也会导致上述故障现象。而对于网络工程师而言，这种故障排查起来相当麻烦，所以他们迫切希望能有一种机制能够对线路进行故障检测，一旦发现线路或者端口出现故障，同时通知静态路由已经失效，这样可以快速进行故障检测，于是 BFD（Bidirectional Forwarding Detection，双向转发检测）应运而生。

　　为了保证通信的不间断性，实时、快速的故障检测功能就显得格外重要。但是现有的 IP 网络中并不具备秒以下的故障检测和修复功能。而 BFD 能够在系统之间的任何类型通道上进行故障检测，这些通道包括直接的物理链路、虚链路、隧道、MPLS、多跳路由通道以及非直接的通道。由于 BFD 实现故障检测简单、单一，使得 BFD 能够实现转发故障的快速检测，从而使网络良好地进行数据传输。

　　BFD 机制是一套整个网络系统的检测机制，具有检测速度快、占用资源少、通用性强等特点，能够实现端到端的检测，可用于快速检测监控网络中的链路或者 IP 路由的转发连通状况。

　　BFD 可以应用于如下场景：
- OSPF 与 BFD 联动。
- IS-IS 与 BFD 联动。
- RIP 与 BFD 联动。
- 静态路由与 BFD 联动。
- BGP 与 BFD 联动。
- MPLS 与 BFD 联动。
- Track 与 BFD 联动。
- IP 快速重路由。

在两个路由器之间所建立会话的通道中，BFD 会周期性地发送检测报文，如果某个系统在足够长的时间内未收到对端的检测报文，则认为在这条通道相邻系统的双向通道的某个部分发生了故障。但如果 BFD 本身并没有收到对端的 BFD 控制报文，则认为这条通道发生故障，那么会通知给服务的上层协议，由上层协议进行相应的处理。

现有的故障检测方法主要包括以下几种：

1）硬件检测。例如，通过 SDH（Synchronous Digital Hierarchy，同步数字体系）告警检测链路故障。硬件检测的优点是可以快速发现故障，但并不是所有介质都能提供硬件检测。

2）慢 Hello 机制。通常采用路由协议中的 Hello 报文机制，这种机制检测到故障所需时间为秒级。对于高速数据传输，如吉比特速率级的数据传输，超过 1s 的检测时间将导致大量数据丢失；对于时延敏感的业务，如语音业务，超过 1s 的延迟也是不能被接受的，并且这种机制依赖于路由协议。

3）其他检测机制。不同的协议有时会提供专用的检测机制，但在系统间互联互通时，这样的专用检测机制通常难以部署。

BFD 提供了一个通用的、标准化的、介质无关、协议无关的快速故障检测机制，可以为各上层协议如路由协议、MPLS 等统一地快速检测两台路由器间双向转发路径的故障。

BFD 在两台路由器或路由交换机上建立会话，用来监测两台路由器间的双向转发路径，为上层协议服务。BFD 本身并没有发现机制，而是靠被服务的上层协议通知其该与某个对象建立会话，会话建立后如果在检测时间内没有收到对端的 BFD 控制报文，则认为发生故障，通知被服务的上层协议，由上层协议进行相应的处理。

BFD 会话建立流程图如图 3-13 所示。

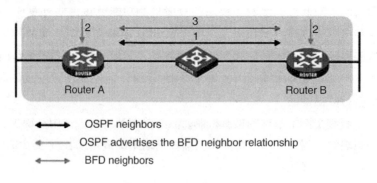

图 3-13　BFD 会话建立流程图（以 OSPF 为例）

BFD 会话的建立过程如下：

1）上层协议通过自己的 Hello 机制发现邻居并建立连接。

2）上层协议在建立了新的邻居关系时，将邻居的参数及检测参数都（包括目的地址和源地址等）通知给 BFD。

3）BFD 根据收到的参数进行计算并建立会话，如图 3-14 所示。

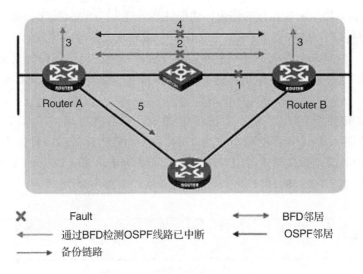

图 3-14　BFD 处理网络故障流程图

当网络出现故障时，BFD 会进行以下处理操作：

1）BFD 检测到链路/网络故障。
2）拆除 BFD 邻居会话。
3）BFD 通知本地上层协议进程 BFD 邻居不可达。
4）本地上层协议中止上层协议邻居关系。
5）如果网络中存在备用路径，路由器将选择备用路径。

BFD 的检测方式有以下几种：

1）单跳检测。BFD 单跳检测是指对两个直连系统进行 IP 连通性检测。这里所说的"单跳"是 IP 的一跳。

2）多跳检测。BFD 可以检测两个系统间的任意路径，这些路径可能跨越很多台路由器，也可能在某些部分发生重叠。

3）双向检测。BFD 通过在双向链路两端同时发送检测报文，同时检测两个方向上的链路状态，实现毫秒级的链路故障检测。（BFD 检测 LSP 是一种特殊情况，只需在一个方向发送 BFD 控制报文，对端通过其他路径报告链路状况）

BFD 会话工作方式有以下两种：

1）控制报文方式。链路两端会话通过控制报文交互监测链路状态。
2）Echo 报文方式。链路某一端通过发送 Echo 报文由另一端转发回来，实现对链路的双向监测。

BFD 会话建立前的运行模式包括以下两种：

1）主动模式。在建立对话前无论是否收到对端发来的 BFD 控制报文，都会主动发送 BFD 控制报文。
2）被动模式。在建立对话前不会主动发送 BFD 控制报文，直到收到对端发送来的控制报文。

在会话初始化过程中，通信双方至少要有一个运行在主动模式才能成功建立起会话。

BFD 会话建立后的运行模式包括以下两种：

1）异步模式。以异步模式运行的路由器周期性地发送 BFD 控制报文，如果在检测时间内没有收到 BFD 控制报文，则将会话关闭。（目前 H3C 设备仅支持异步模式）

2）查询模式。假定每个系统都有一个独立的方法，以确认自己连接到其他系统，则只要有一个 BFD 会话建立，系统就会停止发送 BFD 控制报文，除非某个系统需要显式地验证连接性。

BFD 控制报文被封装在 UDP 报文中进行传送，对于单跳检测，其 UDP 目的端口号为 3784；对于多跳检测，其 UDP 目的端口号为 4784（也可配置为 3784，具体参见配置任务）。BFD 回声报文与 BFD 控制报文格式类似（区别在于字段 Desired Min TX Interval 和 Required Min RX Interval 为空），其 UDP 目的端口号为 3785。报文格式如图 3-15 所示。

0	7						23	31
Vers	Diag	Sta	P	F	C	A	D	R	Detect Mult	Length
My Discriminator									
Your Discriminator									
Desired Min TX Interval									
Required Min RX Interval									
Required Min Echo RX Interval									
Auth Type	Auth Len	Authentication Data...							

图 3-15　BFD 报文格式

Vers：协议的版本号，协议版本为 1。

Diag：本地会话最后一次从 up 状态转换到其他状态的原因。

State（Sta）：BFD 会话当前状态，取值为 0 代表 AdminDown，取值为 1 代表 Down，取值为 2 代表 Init，取值为 3 代表 Up。

Poll（P）：设置为 1，表示发送方请求进行连接确认，或者发送请求参数改变的确认；设置为 0，表示发送方不请求确认。

Final（F）：设置为 1，表示发送方响应一个接收到 P 比特为 1 的 BFD 控制报文；设置为 0，表示发送方不响应一个接收到 P 比特为 1 的 BFD 控制报文。

Control Plane Independent（C）：设置为 1，表示发送方的 BFD 实现不依赖于它的控制平面（即 BFD 报文在转发平面传输，即使控制平面失效，BFD 仍然能够起作用）；设置为 0，表示 BFD 报文在控制平面传输。

Authentication Present（A）：设置为 1，表示控制报文包含认证字段，并且会话是被认证的。

Demand（D）：设置为 1，表示发送方希望操作在查询模式；设置为 0，表示发送方不区分是否操作在查询模式，或者表示发送方不能操作在查询模式。

Reserved（R）：在发送时设置为 0，在接收时忽略。

Detect Mult：检测时间倍数，即接收方允许发送方发送报文的最大连续丢包数，用来检测链路是否正常。

Length：BFD 控制报文的长度，单位为字节（Byte）。

My Discriminator：发送方产生的一个唯一的、非 0 鉴别值，用来区分两个协议之间的多个

BFD 会话。

Your Discriminator：接收方收到的鉴别值"My Discriminator",如果没有收到这个值就返回 0。

Desired Min Tx Interval：发送方发送 BFD 控制报文时想要采用的最小间隔,单位为毫秒(ms)。

Required Min Rx Interval：发送方能够支持的接收两个 BFD 控制报文之间的间隔,单位为 ms。

Required Min Echo Rx Interval：发送方能够支持的接收两个 BFD 回声报文之间的间隔,单位为 ms。如果这个值设置为 0,则发送不支持接收 BFD 回声报文。

Auth Type：BFD 控制报文使用的认证类型。

Auth Len：认证字段的长度,包括认证类型与认证长度字段。

下面介绍几个典型的 BFD 案例实例。

实例 1：配置 BFD 单跳检测。

BFD 单跳检测是一种不依赖于 BFD 控制报文的故障检测方法,通过在链路某一端的路由器上发送回声报文,由另一端路由器返回应答报文来实现对链路的双向检测。但需要注意的是,BFD 回声报文是在本端路由器发送,最终又在本端路由器接收,而远端路由器不对报文进行处理,只是将此报文在反向通道上返回。如果某个路由器没有收到由对端路由器返回的回声报文,则会关闭设备之间的会话连接。BFD 协议并没有对 BFD 回声报文的格式进行定义,唯一要求的是发送方能够通过报文的内容区分会话。

BFD 的回声报文也是封装在 UDP 上,目的端口号为 3785,目的 IP 地址为本端路由器的发送端口 IP 地址,以使对端路由器能够把报文沿原路回送,源 IP 地址的选择标准是不会导致对端发送 ICMP 重定向报文(也就是说,回声报文的源 IP 地址与该包返回到的下一跳 IP 地址不属于同一个网段,不属于该路由器上任一个端口所属网段)。

通过 BFD 回声报文(回声报文的目的地址为本路由器的出端口 IP 地址)建立会话,发送给下一跳路由器后,不经过任何处理再直接转发回本路由器(即单跳检测只能检测与下一个直连路由器之间的链路故障)。BFD 拓扑结构如图 3-16 所示。

图 3-16 BFD 拓扑结构

实验设备和器材见表 3-8。

表 3-8 实验设备和器材

名称和型号	版本	数量
MSR36-20	H3C Comware Software, Version 7.1.059, Alpha 7159	2

IP 地址配置见表 3-9。

表 3-9 IP 地址配置

设备名称	端口	IP 地址
MSR36-20_1	G0/0	10.1.1.1/24
MSR36-20_2	G0/0	10.1.1.2/24
	Loopback1	192.168.1.1/32

配置静态路由与 BFD 联动的单跳检测，使得 MSR36-20_1 到 MSR36-20_2 上的静态路由随着两台路由器之间物理线路的状态进行故障检测。

实验配置如下：

[MSR36-20_1]interface GigabitEthernet 0/0
[MSR36-20_1-GigabitEthernet0/0]ip address 10.1.1.1 24
[MSR36-20_1-GigabitEthernet0/0]quit
[MSR36-20_1]bfd echo-source-ip 1.1.1.1   //配置回声报文源地址
[MSR36-20_1]ip route-static 192.168.1.1 32 GigabitEthernet 0/0 10.1.1.2 bfd echo-packet   //启用静态路由与 BFD 单跳检测功能
[MSR36-20_1]interface GigabitEthernet 0/0
[MSR36-20_1-GigabitEthernet0/0]bfd min-receive-interval 100   //此命令用来配置接收回声报文的最小时间间隔。参数值用来指定接收回声报文的最小时间间隔。使用本命令，设备能够控制接收两个回声报文之间的时间间隔，即回声报文实际发送时间间隔。本命令仅适用于回声报文方式的 BFD 联动。默认情况下，接收回声报文的最小时间间隔为 1000ms

[MSR36-20_1-GigabitEthernet0/0]bfd detect-multiplier 3   //单跳 BFD 检测时间倍数为 3。bfd detect-multiplier 端口视图命令用来配置单跳 BFD 检测时间倍数，参数值用来指定单跳 BFD 检测时间的倍数，取值范围为 3～50。检测时间倍数即允许发送方发送 BFD 报文的最大连续丢包数。对于回声报文方式，实际检测时间为发送方的检测时间倍数和发送方的实际发送时间的乘积；对于 control 报文发送的异步模式，实际检测时间为接收方的检测时间倍数和发送方的实际发送时间的乘积。默认情况下，单跳 BFD 检测时间倍数为 5

[MSR36-20_1-GigabitEthernet0/0]quit
[MSR36-20_1]

配置成功后，查看 IP 路由表，发现线路完好，静态路由在路由器的路由表中，如图 3-17 所示。

```
[MSR36-20_1]display ip routing-table

Destinations : 13        Routes : 13

Destination/Mask      Proto    Pre  Cost    NextHop         Interface
0.0.0.0/32            Direct   0    0       127.0.0.1       InLoop0
10.1.1.0/24           Direct   0    0       10.1.1.1        GE0/0
10.1.1.0/32           Direct   0    0       10.1.1.1        GE0/0
10.1.1.1/32           Direct   0    0       127.0.0.1       InLoop0
10.1.1.255/32         Direct   0    0       10.1.1.1        GE0/0
127.0.0.0/8           Direct   0    0       127.0.0.1       InLoop0
127.0.0.0/32          Direct   0    0       127.0.0.1       InLoop0
127.0.0.1/32          Direct   0    0       127.0.0.1       InLoop0
127.255.255.255/32    Direct   0    0       127.0.0.1       InLoop0
192.168.1.1/32        Static   60   0       10.1.1.2        GE0/0
224.0.0.0/4           Direct   0    0       0.0.0.0         NULL0
```

图 3-17　查看 IP 路由表中的静态路由

查看 BFD 会话，发现 BFD 的会话状态为 Up 状态，如图 3-18 所示。

```
[MSR36-20_1]display bfd session
Total Session Num: 1        Up Session Num: 1        Init Mode: Active

IPv4 Session Working Under Echo Mode:

LD        SourceAddr        DestAddr        State    Holdtime    Interface
1537      10.1.1.1          10.1.1.2        Up       2797ms      GE0/0
```

图 3-18　查看 BFD 会话

此时可在 MSR36-20_2 的 G0/0 端口上输入"undo ip address"命令，观察 MSR36-20_1 的设备变化，如图 3-19 所示。

```
[MSR36-20_1]%Nov  1 15:10:09:435 2015 MSR36-20_1 BFD/5/BFD_CHANGE_FSM: Sess[10.1.1.1
/10.1.1.2, LD/RD:1537/1537, Interface:GE0/0, SessType:Echo, LinkType:INET], Ver:1, S
ta: UP->DOWN, Diag: 1
```

图 3-19　设备 BFD 状态变化

进一步查看 BFD 会话，如图 3-20 所示。

```
[MSR36-20_1]display  bfd session
 Total Session Num: 1     Up Session Num: 0     Init Mode: Active

 IPv4 Session Working Under Echo Mode:

 LD          SourceAddr          DestAddr          State     Holdtime     Interface
 1537        10.1.1.1            10.1.1.2          Down      /            GE0/0
```

图 3-20　查看 BFD 会话

此时再观察 MSR36-20_1 的静态路由发现，静态路由已经不在路由器的路由表中了，如图 3-21 所示。

```
[MSR36-20_1]display ip routing-table

 Destinations : 12          Routes : 12

 Destination/Mask     Proto   Pre  Cost     NextHop         Interface
 0.0.0.0/32           Direct  0    0        127.0.0.1       InLoop0
 10.1.1.0/24          Direct  0    0        10.1.1.1        GE0/0
 10.1.1.0/32          Direct  0    0        10.1.1.1        GE0/0
 10.1.1.1/32          Direct  0    0        127.0.0.1       InLoop0
 10.1.1.255/32        Direct  0    0        10.1.1.1        GE0/0
 127.0.0.0/8          Direct  0    0        127.0.0.1       InLoop0
 127.0.0.0/32         Direct  0    0        127.0.0.1       InLoop0
 127.0.0.1/32         Direct  0    0        127.0.0.1       InLoop0
 127.255.255.255/32   Direct  0    0        127.0.0.1       InLoop0
 224.0.0.0/4          Direct  0    0        0.0.0.0         NULL0
 224.0.0.0/24         Direct  0    0        0.0.0.0         NULL0
 255.255.255.255/32   Direct  0    0        127.0.0.1       InLoop0
[MSR36-20_1]
```

图 3-21　查看 IP 路由表

思考题

在使用 BFD 的过程中可能发现 BFD 配置好之后一直无法生效，一直都处于 down 状态，试分析原因。

通过在路由器设备输入"debug"命令发现，BFD 的回声报文周期性发送时，报文的源 IP 是 1.1.1.1，目的 IP 地址是 10.1.1.1，如图 3-22 所示。

```
<H3C>terminal debugging
<H3C>debugging bfd packet
<H3C>*Nov  1 16:09:21:334 2015 H3C BFD/7/DEBUG: [K]L3 Send:Echo packet, Src:1.1.1.1,
 Dst:10.1.1.1, Ver:1, Diag:0, Sta:3 P/F/C/A/D/M:0/0/1/0/0/0, Mult:3 LD/RD:1537/1537,
 Tx:1000ms, Rx:1000ms, EchoRx:1000ms ErrCode:0.
*Nov  1 16:09:21:334 2015 H3C BFD/7/DEBUG: [K]Recv:Echo packet, Src:1.1.1.1, Dst:10.
1.1.1, Ver:1, Diag:0, Sta:3 P/F/C/A/D/M:0/0/1/0/0/0, Mult:3 LD/RD:1537/1537, Tx:1000
ms, Rx:1000ms, EchoRx:1000ms
*Nov  1 16:09:22:133 2015 H3C BFD/7/DEBUG: [K]L3 Send:Echo packet, Src:1.1.1.1, Dst:
10.1.1.1, Ver:1, Diag:0, Sta:3 P/F/C/A/D/M:0/0/1/0/0/0, Mult:3 LD/RD:1537/1537, Tx:1
000ms, Rx:1000ms, EchoRx:1000ms ErrCode:0.
*Nov  1 16:09:22:134 2015 H3C BFD/7/DEBUG: [K]Recv:Echo packet, Src:1.1.1.1, Dst:10.
1.1.1, Ver:1, Diag:0, Sta:3 P/F/C/A/D/M:0/0/1/0/0/0, Mult:3 LD/RD:1537/1537, Tx:1000
ms, Rx:1000ms, EchoRx:1000ms
```

图 3-22　查看 BFD 的调试信息

按照这些信息，查看路由器设备的配置，发现有一条 ACL 的规则跟 BFD 的源地址和目的地址匹配，配置如下所示：

[H3C]acl advanced 3000

[H3C-acl-ipv4-adv-3000]rule deny ip source 1.1.1.1 0.0.0.0 destination 10.1.1.1 0.0.0.0   //将源地址是 1.1.1.1/32,目的地址是 10.1.1.1/32 的报文过滤掉

[H3C-acl-ipv4-adv-3000]quit

[H3C]interface GigabitEthernet 0/0

[H3C-GigabitEthernet0/0]packet-filter 3000 outbound   //在 G0/0 的出端口上应用包过滤防火墙功能。V7 版本的包过滤防火墙默认开启,并且默认动作是允许所有数据流通过

[H3C-GigabitEthernet0/0]quit

此时发现由于配置了包过滤防火墙功能，导致 BFD 的状态从 Up 变成了 Down 的状态，如图 3-23 所示。

```
[H3C-GigabitEthernet0/0]quit
[H3C]%Nov  1 16:14:27:981 2015 H3C BFD/5/BFD_CHANGE_FSM: Sess[10.1.1.1/10.1.1.2, LD/
RD:1537/1537, Interface:GE0/0, SessType:Echo, LinkType:INET], Ver:1, Sta: UP->DOWN,
Diag: 1
```

图 3-23　查看 BFD 状态变化

通过输入"display bfd session"命令，发现 BFD 的状态变成 Down，如图 3-24 所示。

```
<H3C>display  bfd session
 Total Session Num: 1      Up Session Num: 0      Init Mode: Active

 IPv4 Session Working Under Echo Mode:

 LD           SourceAddr         DestAddr        State     Holdtime      Interface
 1537         10.1.1.1           10.1.1.2        Down         /           GE0/0
```

图 3-24　查看 BFD 会话

再输入"debug"命令，发现 BFD 报文仍在发送，但是对方邻居路由器已经收不到 BFD 的报文，如图 3-25 所示。

```
<H3C>terminal debugging
<H3C>debugging bfd packet
<H3C>*Nov  1 16:18:01:015 2015 H3C BFD/7/DEBUG: Send:Echo packet, Src:1.1.1.1, Dst:1
0.1.1.1, Ver:1, Diag:1, Sta:1 P/F/C/A/D/M:0/0/1/0/0/0, Mult:3 LD/RD:1537/1537, Tx:10
00ms, Rx:1000ms, EchoRx:1000ms
*Nov  1 16:18:02:015 2015 H3C BFD/7/DEBUG: Send:Echo packet, Src:1.1.1.1, Dst:10.1.1
.1, Ver:1, Diag:1, Sta:1 P/F/C/A/D/M:0/0/1/0/0/0, Mult:3 LD/RD:1537/1537, Tx:1000ms,
Rx:1000ms, EchoRx:1000ms
*Nov  1 16:18:03:015 2015 H3C BFD/7/DEBUG: Send:Echo packet, Src:1.1.1.1, Dst:10.1.1
.1, Ver:1, Diag:1, Sta:1 P/F/C/A/D/M:0/0/1/0/0/0, Mult:3 LD/RD:1537/1537, Tx:1000ms,
Rx:1000ms, EchoRx:1000ms
*Nov  1 16:18:04:015 2015 H3C BFD/7/DEBUG: Send:Echo packet, Src:1.1.1.1, Dst:10.1.1
.1, Ver:1, Diag:1, Sta:1 P/F/C/A/D/M:0/0/1/0/0/0, Mult:3 LD/RD:1537/1537, Tx:1000ms,
```

图 3-25　查看 BFD 的调试信息

实例 2：BFD 机制应用于多路径网络。

BFD 机制对于多路径网络则显得尤为重要。如图 3-26 所示的网络环境，Host_1 和 Host_2 可以通过"MSR36-20_1——MSR36-20_2"的路线和"MSR36-20_1——MSR36-20_3——MSR36-20_2"的路线。主链路是 Host_1 通过 MSR36-20_1 到达 Host_2 有 MSR36-20_1——

MSR36-20_2 的路线，一旦主链路线路或者端口出现故障，能够快速切换到备份路线。这时推荐采用 BFD 机制。

BFD 机制是通过控制报文方式进行的。当静态路由使用 BFD 控制报文方式时，对端也必须存在对应的 BFD 会话。双向检测可以检测两个方向上的链路状态，实现毫秒级别的链路故障检测。BFD 的控制与单跳检测的唯一不同的是不需要配置 BFD 报文源 IP 地址，因为不再使用单跳检测所使用的 BFD 回声报文，而是使用控制报文。

BFD 的拓扑如图 3-26 所示。

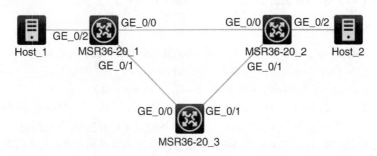

图 3-26　BFD 拓扑

本实验所需的主要设备见表 3-10。

表 3-10　实验设备和器材

名称和型号	版　　本	数　　量
MSR36-20	H3C Comware Software，Version 7.1.059，Alpha 7159	3
PC	Windows 7 Service Pack 1	2
第 5 类 UTP 以太网连接线		5

IP 地址配置见表 3-11。

表 3-11　IP 地址配置

设备名称	端　　口	IP 地址
PC1		10.1.1.2/24
PC2		20.1.1.2/24
MSR36-20_1	G0/0	192.168.1.1/24
	G0/1	192.168.2.1/24
	G0/2	10.1.1.1/24
MSR36-20_2	G0/0	192.168.1.2/24
	G0/1	192.168.3.1/24
	G0/2	20.1.1.1/24
MSR36-20_3	G0/0	192.168.2.2/24
	G0/1	192.168.3.2/24

端口 IP 地址配置略。

MSR36-20_1 配置如下：

[MSR36-20_1]ip route-static 20.1.1.0 24 GigabitEthernet 0/0 192.168.1.2 bfd control-packet
[MSR36-20_1]ip route-static 20.1.1.0 24 GigabitEthernet 0/1 192.168.2.2 preference 70
[MSR36-20_1]interface GigabitEthernet 0/0
[MSR36-20_1-GigabitEthernet0/0]bfd min-transmit-interval 100
[MSR36-20_1-GigabitEthernet0/0]bfd min-receive-interval 100
[MSR36-20_1-GigabitEthernet0/0]bfd detect-multiplier 9

MSR36-20_2 配置如下：

[MSR36-20_2]ip route-static 10.1.1.0 24 GigabitEthernet 0/0 192.168.1.1 bfd control-packet
[MSR36-20_2]ip route-static 10.1.1.0 24 GigabitEthernet 0/1 192.168.3.2 preference 70
[MSR36-20_2-GigabitEthernet0/0]bfd min-receive-interval 100
[MSR36-20_2-GigabitEthernet0/0]bfd min-transmit-interval 100   // 配置端口接收 BFD echo 报文的最小时间间隔为 100ms，此命令是为了保证发送 BFD 控制报文的速度不超过设备发送报文的能力。本地实际发送 BFD 控制报文的时间间隔为本地端口下配置的发送 BFD 控制报文的最小时间间隔和对端接收 BFD 控制报文的最小时间间隔的最大值。默认 BFD 发送单跳控制报文的最小时间间隔为 1000ms
[MSR36-20_2-GigabitEthernet0/0]bfd detect-multiplier 3   // 命令解释同上

MSR36-20_3 配置如下：

[MSR36-20_3]ip route-static 10.1.1.0 24 192.168.2.1
[MSR36-20_3]ip route-static 20.1.1.0 24 192.168.3.1

实验配置好之后，通过 display ip routing-table 命令查看 IP 路由表，如图 3-27 所示。

```
[MSR36-20_1]display ip routing-table

Destinations : 21        Routes : 21

Destination/Mask    Proto    Pre  Cost    NextHop         Interface
0.0.0.0/32          Direct   0    0       127.0.0.1       InLoop0
10.1.1.0/24         Direct   0    0       10.1.1.1        GE0/2
10.1.1.0/32         Direct   0    0       10.1.1.1        GE0/2
10.1.1.1/32         Direct   0    0       127.0.0.1       InLoop0
10.1.1.255/32       Direct   0    0       10.1.1.1        GE0/2
20.1.1.0/24         Static   60   0       192.168.1.2     GE0/0
127.0.0.0/8         Direct   0    0       127.0.0.1       InLoop0
127.0.0.0/32        Direct   0    0       127.0.0.1       InLoop0
```

图 3-27　查看 IP 路由表

配置好之后发现因为静态路由的默认优先级是 60，优先级数值越小越优，所以配置了 BFD 的静态路由生效。

输入"display bfd session"命令观察发现 BFD 的会话状态为 Up 状态，表示能够正常生效，如图 3-28 所示。

```
[MSR36-20_1]display  bfd session
 Total Session Num: 1       Up Session Num: 1      Init Mode: Active

 IPv4 Session Working Under Ctrl Mode:

 LD/RD        SourceAddr       DestAddr         State    Holdtime    Interface
 1537/1537    192.168.1.1      192.168.1.2      Up       229ms       GE0/0
```

图 3-28　查看 BFD 会话

在 PC 上 Ping 目的地址发现 Host_1 能够 Ping 通 Host_2，如图 3-29 所示。

```
C:\Users\zhaohai>ping -S 10.1.1.2 20.1.1.2 -t

正在 Ping 20.1.1.2 从 10.1.1.2 具有 32 字节的数据:
来自 20.1.1.2 的回复: 字节=32 时间=1ms TTL=62
来自 20.1.1.2 的回复: 字节=32 时间=1ms TTL=62
来自 20.1.1.2 的回复: 字节=32 时间=1ms TTL=62
来自 20.1.1.2 的回复: 字节=32 时间=2ms TTL=62
来自 20.1.1.2 的回复: 字节=32 时间=1ms TTL=62
来自 20.1.1.2 的回复: 字节=32 时间=1ms TTL=62
来自 20.1.1.2 的回复: 字节=32 时间=1ms TTL=62
```

图 3-29　PC 检测网络是否连通

这时如果在 host_2 的 G0/0 端口上输入"undo ip address"命令来模拟端口线路的故障，会发现：

[MSR36-20_2]interface GigabitEthernet 0/0
[MSR36-20_2-GigabitEthernet0/0]undo ip address

此时 MSR36-20_1 的 BFD 会话会处于 Down 状态，如图 3-30 所示。

```
[MSR36-20_1]display bfd session
 Total Session Num: 1     Up Session Num: 0    Init Mode: Passive

 IPv4 Session Working Under Ctrl Mode:

 LD/RD         SourceAddr      DestAddr        State    Holdtime    Interface
 1537/0        192.168.1.1     192.168.1.2     Down     /           GE0/0
[MSR36-20_1]
```

图 3-30　查看 BFD 会话

同时查看 IP 路由表，发现原先配置了 BFD 的静态路由已经失效，取而代之的是优先级值为 70 的静态路由，如图 3-31 所示。

```
[MSR36-20_1]display ip routing-table

Destinations : 21        Routes : 21

Destination/Mask    Proto  Pre  Cost    NextHop         Interface
0.0.0.0/32          Direct 0    0       127.0.0.1       InLoop0
10.1.1.0/24         Direct 0    0       10.1.1.1        GE0/2
10.1.1.0/32         Direct 0    0       10.1.1.1        GE0/2
10.1.1.1/32         Direct 0    0       127.0.0.1       InLoop0
10.1.1.255/32       Direct 0    0       10.1.1.1        GE0/2
20.1.1.0/24         Static 70   0       192.168.2.2     GE0/1
127.0.0.0/8         Direct 0    0       127.0.0.1       InLoop0
```

图 3-31　查看 IP 路由表

仔细观察现象发现在主线路和备份线路切换的过程中，不会造成 PC 数据包丢包的情况。如图 3-32 所示。

```
C:\Users\zhaohai>ping -S 10.1.1.2 20.1.1.2 -t

正在 Ping 20.1.1.2 从 10.1.1.2 具有 32 字节的数据:
来自 20.1.1.2 的回复: 字节=32 时间=1ms TTL=61
来自 20.1.1.2 的回复: 字节=32 时间=2ms TTL=61
来自 20.1.1.2 的回复: 字节=32 时间=1ms TTL=61
来自 20.1.1.2 的回复: 字节=32 时间=1ms TTL=61
来自 20.1.1.2 的回复: 字节=32 时间=2ms TTL=61
来自 20.1.1.2 的回复: 字节=32 时间=2ms TTL=61
来自 20.1.1.2 的回复: 字节=32 时间=1ms TTL=61
来自 20.1.1.2 的回复: 字节=32 时间=2ms TTL=61
来自 20.1.1.2 的回复: 字节=32 时间=1ms TTL=62
来自 20.1.1.2 的回复: 字节=32 时间=1ms TTL=62
```

图 3-32　PC 检测网络连接

BFD 默认工作在主动模式，采用 BFD 控制报文收发功能时，双方至少有一方工作在主动模式，才能建立起 BFD 会话；如果双方都工作在被动方式，不能建立 BFD 会话。如把 MSR36-20_1 和 MSR36-20_2 的 BFD 会话模式都改成被动模式，那么 MSR36-20_1 和 MSR-20_2 之间的 BFD 会话将无法建立。

[MSR36-20_1]bfd session init – mode passive

bfd session init-mode {active | passive} 系统视图命令用来配置 BFD 会话建立前的运行模式。本命令仅适用于控制报文方式的 BFD 联动。命令中的 active 和 passive 选项的说明如下：

1）active 指定主动模式建立会话。在主动模式下，当端口启用后，BFD 就主动向会话的对端发送 BFD 控制报文。

2）passive 指定被动模式建立会话。在被动模式下，BFD 不会主动向会话的对端发送控制报文，只有等收到 BFD 控制报文之后，才会向对端发送 BFD 控制报文。

默认情况下，BFD 会话建立前的会话模式为主动模式：

[MSR36 – 20_2]bfd session init – mode passive

如果把 MSR36-20_2 原来没有配置 IP 地址的 G0/0 端口重新配置 IP 地址，发现 BFD 的会话不能正常建立，如图 3-33 所示。

```
[MSR36-20_1]display  bfd session
 Total Session Num: 1    Up Session Num: 0    Init Mode: Passive

 IPv4 Session Working Under Ctrl Mode:

 LD/RD        SourceAddr       DestAddr        State    Holdtime    Interface
 1537/0       192.168.1.1      192.168.1.2     Down       /         GE0/0
```

图 3-33　查看 BFD 会话

但是把双方路由器中的任意一方改成主动方式，则会话建立正常，如图 3-34 所示。

```
[MSR36-20_1]bfd session init-mode active
[MSR36-20_1]%Nov  2 15:05:18:640 2015 MSR36-20_1 BFD/5/BFD_CHANGE_FSM: Sess[192.168.1.1/192.168.
7/1537, Interface:GE0/0, SessType:Ctrl, LinkType:INET], Ver:1, Sta: DOWN->UP, Diag: 0
```

图 3-34　查看 BFD 状态变化

分析结果如图 3-35 所示。

```
[H3C]display  bfd session
Total Session Num: 1     Up Session Num: 1     Init Mode: Active

IPv4 Session Working Under Ctrl Mode:

LD/RD          SourceAddr         DestAddr          State    Holdtime    Interface
97/1537        10.1.4.1           10.1.4.2          Up       1949ms      Vlan40
```

图 3-35　查看 BFD 会话

通过 BFD 可以进行线路的保活，可以防止物理线路出现故障，防止出现无法检测到静态路由却处在 Active 状态的情况。

通过上面的案例讲解，读者应大致掌握 BFD 的特性和配置方法。请尝试在本章开头的小型企业网络搭建的设备 S5820V2-54QS-GE_2 和 MSR36-20_1 上配置 BFD 控制机制，保证私网进出的流量通过 BFD 机制保活，要求动手进行配置。

私网路由器 MSR36-20_1 作为 PPPoE 客户端，采用拨号的方式连接到 PPPoE 服务器端（即 MSR36-20_6）。

下面回顾之前的那张 PPPoE 的图片（图 3-36）。

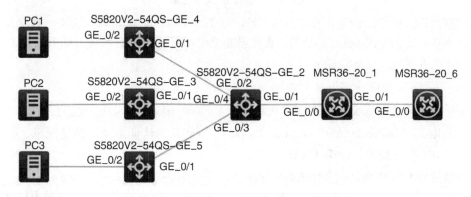

图 3-36　PPPoE 拓扑

MSR36-20_1 和 MSR36-20_6 互连，分别作为 PPPoE 客户端和 PPPoE 服务器端。在 MSR36-20_1 上配置好 PPPoE 客户端和静态默认路由后，网络工程师发现客户端拨号的 Dialer 口已处于 Up 状态，但是没有分配到 IP 地址，如图 3-37 所示。

```
[H3C]display  interface brief
Brief information on interface(s) under route mode:
Link: ADM - administratively down; Stby - standby
Protocol: (s) - spoofing
Interface            Link Protocol Main IP         Description
Dia1                 UP   UP(s)    --
GE0/0                DOWN DOWN     --
GE0/1                UP   UP       --
GE0/2                DOWN DOWN     --
GE5/0                DOWN DOWN     --
GE5/1                DOWN DOWN     --
GE6/0                DOWN DOWN     --
GE6/1                DOWN DOWN     --
```

图 3-37　查看 IP 端口信息

这是 V7 的版本原因造成的，Commware V5 中 PPPoE 客户端功能配置好之后，自动进行 PPPoE 的触发拨号验证，验证通过获取 IP 地址。但是 Commware V7 中触发验证需要通过数据流来触发拨号，如图 3-38 所示，在 MSR36-20_1 中任意 Ping 一个 IP 地址。

```
[H3C]ping 8.8.8.8
Ping 8.8.8.8 (8.8.8.8): 56 data bytes, press CTRL C to break
%Nov  3 02:00:19:678 2015 H3C IFNET/3/PHY_UPDOWN: Physical state on the interface Vi
rtual-Access0 changed to up.
Request time out
%Nov  3 02:00:22:770 2015 H3C IFNET/5/LINK_UPDOWN: Line protocol state on the interf
ace Virtual-Access0 changed to up.
Request time out
Request time out
```

图 3-38 Ping 检测线路连通

图 3-38 显示 Ping 一个目的地址之后 PPPoE 的虚拟口状态变成 Up 状态，如图 3-39 所示。

```
[H3C]display ip interface brief
*down: administratively down
(s): spoofing  (l): loopback
Interface         Physical Protocol IP Address     Description
Dia1              up       up(s)    202.1.1.2      --
GE0/0             down     down     --             --
GE0/1             up       up       --             --
GE0/2             down     down     --             --
GE5/0             down     down     --             --
GE5/1             down     down     --             --
```

图 3-39 查看 IP 端口信息

经观察发现，拨号口已经获取到公网地址。如果过了一段时间 PPPoE 连接一直没有数据流通过，链路状态又会变成 Down 的状态。如果希望 PPPoE 的连接一直在线，则可以把 PPPoE 的模式改成永久在线模式。配置如下：

[H3C – Dialer1]dialer timer idle 0

在无法确定运营商是采用的 PAP（Password Authentication Protocol，密码认证协议）还是 CHAP（Challenge Handshake Authentication Protocol，询问握手认证协议）的情况下，推荐在拨号的 Dialer 口上同时配置 PAP 和 CHAP。

本节最后对 DHCP 的功能进行简要的介绍。

DHCP（Dynamic Host Configuration Protocol，动态主机配置协议）的作用是向主机动态分配 IP 地址及其他相关信息。

DHCP 采用客户端/服务器模式，服务器负责集中管理，客户端向服务器提出配置申请，服务器根据策略返回相应配置信息，如图 3-40 所示。

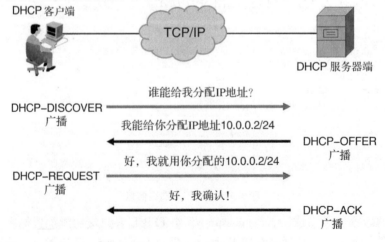

图 3-40 DHCP 协议分配 IP 地址过程

(1) DHCP 租约过程　IP 地址的拒绝及释放如图 3-41 所示。

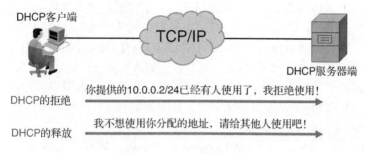

图 3-41　DHCP 拒绝及释放

(2) DHCP 服务器冒充　该安全威胁引起的后果轻则导致用户终端获取到不一致的 IP 信息，造成终端之间通信出现问题；重则导致用户终端获取到不安全的 IP 信息，造成中间人攻击（ARP 攻击也是一种中间人攻击）或网络钓鱼的后果，如图 3-42 所示。

(3) DHCP 监听（DHCP Snooping）技术原理　DHCP Snooping 是一种功能非常强大的 DHCP 服务安全部署保证机制。

通过在开启 DHCP Snooping 功能的交换机上定义 Trust 端口和 Untrust 端口，达到对 DHCP 服务器冒充攻击防范的目的。

DHCP Snooping 机制使得交换机可以嗅探经过的 DHCP 报文，控制 DHCP 报文按照相关的安全策略来操作。

DHCP Snooping 还提供了一张动态的绑定表（Blinding），其中包含获取到的 IP 地址、客户端的 MAC 地址、租约时间、绑定类型（静态/动态）、VLAN 号、端口号等信息。该表可以帮助实现 IPSG 以及 DAI 等功能。

Trust 端口允许所有 DHCP 报文经过，用来连接合法 DHCP 服务器。

Untrust 端口不能接收 DHCP OFFER 和 DHCP ACK 报文，用来连接 DHCP 客户端，如图3-43 所示。

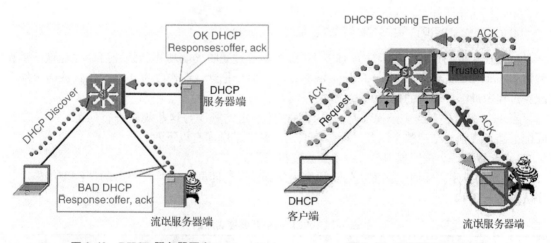

图 3-42　DHCP 服务器冒充　　　　　图 3-43　DHCP Snooping

［H3C］dhcp – snooping
［H3C］interface ethernet 1/0/24
［H3C – Ethernet1/0/1］dhcp – snooping trust

默认情况下，在使能 DHCP Snooping 功能后，设备的所有端口均为不信任端口。

（4）建立 DHCP 监听绑定表　DHCP 监听还有一个非常重要的作用就是建立一张 DHCP 监听绑定表（DHCP Snooping Binding）。一旦一个连接在非信任端口的客户端获得一个合法的 DHCP Offer 报文，交换机就会自动在 DHCP 监听绑定表里添加一个绑定条目，其内容包括了该非信任端口的客户端 IP 地址、MAC 地址、端口号、VLAN 编号、租期等信息。

这张表不仅解决了 DHCP 用户的 IP 和端口跟踪定位问题，为用户管理提供方便，还为后续的 IPSG 和 DAI 技术提供了动态数据库支持，如图 3-44 所示。

```
[H3C]display dhcp-snooping
Type   IP Address      MAC Address      Lease       VLAN    Interface
====   ===========     ==============   =========   ====
D      192.168.1.4     3c97-0e5c-c2f7   86074       1       Eth1/0/1
```

图 3-44　查看 DHCP Snooping

（5）DHCP 服务器 DoS 攻击　DHCP 服务器 DoS 攻击是指 DHCP 客户端在有意或无意的情况下借助相关攻击软件向网络中发出大量的 DHCP 请求，直到把 DHCP 服务器中相应地址池中的地址全部耗尽，从而让 DHCP 服务器无法响应正常 DHCP 请求，造成大量客户机无法获取到有效 IP 地址，如图 3-45 所示。

（6）防止 DoS 攻击　通过"mac-address max-mac-count"命令可以限制端口学习到的 MAC 地址数，当学习到的 MAC 地址数达到最大值时，丢弃源 MAC 地址不在 MAC 地址表里的报文，能够避免攻击者申请过多的 IP 地址，在一定程度上缓解 DHCP 服务器 DoS 攻击的问题。

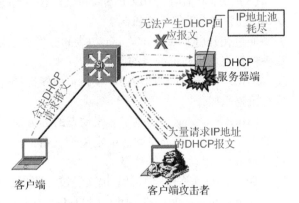

图 3-45　DHCP IP 地址池耗尽

```
[H3C] interface ethernet 1/0/1
[H3C-Ethernet1/0/1] mac-address max-mac-count 10
```

ACL 在配置的过程中需要注意 H3C V7 版本的包过滤防火墙功能已经开启，并且默认动作就是 permit，可以通过"packet-filter default deny"命令把默认动作改为 deny。包过滤防火墙在配置过程中最需要掌握的是 ACL 规则的写法。

当一个 ACL 中包含多条规则时，报文会按照一定的顺序与这些规则进行匹配，一旦已经匹配上某条规则便结束整个匹配过程。ACL 的规则匹配顺序有以下两种：

1）配置顺序。按照规则编号由小到大进行匹配。
2）自动排序。按照"深度优先"原则由深到浅进行匹配，各类型 ACL 的"深度优先"排序法则见表 3-12。

表 3-12　ACL 自动匹配模式原则

ACL 类型	"深度优先"排序法则
IPv4 基本 ACL	● 先判断规则的匹配条件中是否包含 VPN 实例，包含者优先 ● 如果 VPN 实例的包含情况相同，再比较源 IPv4 地址范围，较小者优先 ● 如果源 IPv4 地址范围也相同，再比较配置的先后次序，先配置者优先

(续)

ACL 类型	"深度优先"排序法则
IPv4 高级 ACL	• 先判断规则的匹配条件中是否包含 VPN 实例,包含者优先 • 如果 VPN 实例的包含情况相同,再比较协议范围,指定有 IPv4 承载的协议类型者优先 • 如果协议范围也相同,再比较源 IPv4 地址范围,较小者优先 • 如果源 IPv4 地址范围也相同,再比较目的 IPv4 地址范围,较小者优先 • 如果目的 IPv4 地址范围也相同,再比较四层端口(即 TCP/UDP 端口)号的覆盖范围,较小者优先 • 如果四层端口号的覆盖范围无法比较,再比较配置的先后次序,先配置者优先
IPv6 基本 ACL	• 先判断规则的匹配条件中是否包含 VPN 实例,包含者优先 • 如果 VPN 实例的包含情况相同,再比较源 IPv6 地址范围,较小者优先 • 如果源 IPv6 地址范围也相同,再比较配置的先后次序,先配置者优先
IPv6 高级 ACL	• 先判断规则的匹配条件中是否包含 VPN 实例,包含者优先 • 如果 VPN 实例的包含情况相同,再比较协议范围,指定有 IPv6 承载的协议类型者优先 • 如果协议范围相同,再比较源 IPv6 地址范围,较小者优先 • 如果源 IPv6 地址范围也相同,再比较目的 IPv6 地址范围,较小者优先 • 如果目的 IPv6 地址范围也相同,再比较四层端口(即 TCP/UDP 端口)号的覆盖范围,较小者优先 • 如果四层端口号的覆盖范围无法比较,再比较配置的先后次序,先配置者优先
二层 ACL	• 先比较源 MAC 地址范围,较小者优先 • 如果源 MAC 地址范围相同,再比较目的 MAC 地址范围,较小者优先 • 如果目的 MAC 地址范围也相同,再比较配置的先后次序,先配置者优先

思考题

如果在小型局域网搭建的拓扑图上 MSR36-20_1 的 G0/0 端口进方向配置 IPv4 高级 ACL:

[MSR36-20_1]acl advanced 3000 match-order auto

[MSR36-20_1-acl-ipv4-adv-3000]rule 0 permit ip source 10.1.1.0 0.0.0.255 destination 8.8.8.8 0 time-range a

[MSR36-20_1-acl-ipv4-adv-3000]rule 5 deny ip source 10.1.1.2 0 destination 8.8.8.8 0 time-range a

[MSR36-20_1-acl-ipv4-adv-3000]rule 10 permit ip time-range a

[MSR36-20_1]interface GigabitEthernet 0/0

[MSR36-20_1-GigabitEthernet0/0]packet-filter 3000 inbound

请问,如果公司员工在星期三的中午通过 Host_1 访问目的地址为 8.8.8.8 的公网 DNS 服务器,是否可以访问到?

3.2.2 项目实施流程问题分析

登录 H3C 设备首先查看设备操作系统版本是否符合项目要求。如果发现操作系统版本不符合项目要求,需要进行操作系统版本升级。

操作系统版本升级的方法很多，通过 FTP 或 TFTP 升级都可以，现阶段网络工程师使用比较多的就是 TFTP 升级。TFTP 升级的优势在于：操作系统在设备之间传输速度快，实现方式简单，无须配置额外参数，直接通过命令调用即可。

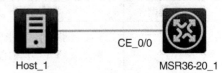

H3C 网络设备升级的具体过程如下：

设备升级拓扑图如图 3-46 所示。

图 3-46 设备升级拓扑图

实验设备和器材见表 3-13。

表 3-13 实验设备和器材

名称和型号	版 本	数 量
MSR36-20	H3C Comware Software，Version 7.1.059，Alpha 7159	1
PC	Windows 7 Service Pack 1	1
第 5 类 UTP 以太网连接线		1

IP 地址配置，见表 3-14。

表 3-14 IP 地址配置

设备名称	接 口	IP 地址
PC1		192.168.1.2/24
MSR36-20_1	G0/0	192.168.1.1/24

实验配置过程如下：

（1）TFTP 通过以太网口进行操作系统版本升级

1）用 console 口登录 MSR36-20_1 设备，设置如图 3-47 所示。

2）选择 Serial 登录。

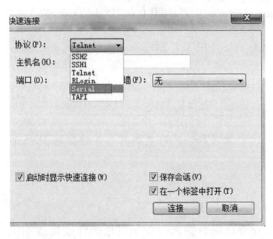
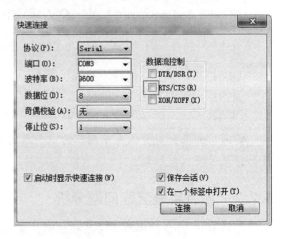

图 3-47 console 口通过 Secure CRT 登录

3）选择相应的端口和波特率，其中"RTS/CTS（R）"复选框不选中。

除了使用 console 进行设备配置以外，MSR36-20_1 V7 版本设备还支持通过 USB CON 端口完成设备升级。具体过程如下：

直接连到计算机的 USB 接口，Windown 7 系统会自动安装程序，并添加 COM5 端口，如图 3-48 所示。

图 3-48　设备 COM 口显示

通过 USB CON 口进行设备配置，如图 3-49 所示。

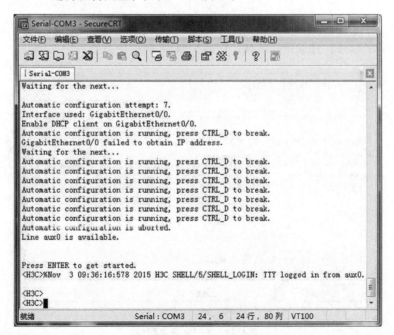

图 3-49　成功登录设备

4）看到"<H3C>"说明登录已经成功。登录成功之后，给路由器端口设置 IP 地址，将 G0/0 端口的 IP 地址设置为 192.168.1.1/24。同时给 PC 设置 IP 地址：192.168.1.2/24。PC 机不需要设置网关。设置完成之后一定要先通过 Ping 命令查看端口 IP 地址是否 Ping 通。

注意：如果 PC 可以 Ping 通路由器，但是路由器不能 Ping 通 PC，建议检查 PC 的 windows 系统的防火墙是否已经关闭，如果没有关闭，先关闭防火墙功能。

如图 3-50 所示。其中，"msr36-cmw710-system-r0304p12.bin"是 H3C V7 的操作系统。

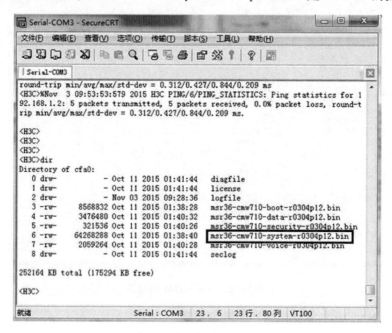

图 3-50　Dir 查看设备文件

5）运行 TFTP 软件，并设置好参数。如图 3-51 所示。

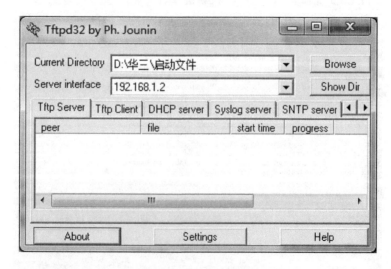

图 3-51　TFTP 服务器端

从网站上下载 TFTP 服务器软件，进行 TFTP 文件上传下载，这类软件在网站上比较多，都可以进行下载。但需要注意的是，PC 机如果安装了 TFTP，则 PC 是服务器端，路由器是客户端。如果把路由器上的文件传输到 PC 上属于上传，使用 put 命令；如果把 PC 上的文件传输到路由器上，则使用 get 命令。

查找其他路由器设备上是否有符合要求的操作系统版本，如果有，则输入"< H3C > tftp 192.168.1.2 put MSR36-CMW710-R0305P04.IPE"命令，把路由器中的文件上传到 PC 上。

如果没有符合要求的操作系统版本，可以在 H3C 官网上查找相应的操作系统版本（一般一线工程师都会事先保存一些操作系统的版本），如图 3-52 所示。

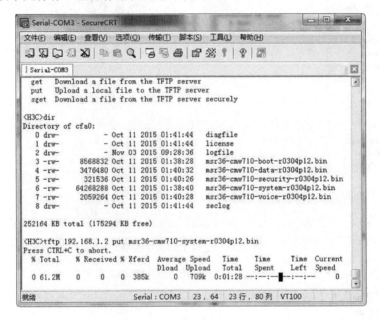

图 3-52　通过 TFTP 上传操作系统

6）下载成功之后在 PC 相应的目录中可以找到上传成功的操作系统。如图 3-53 所示。

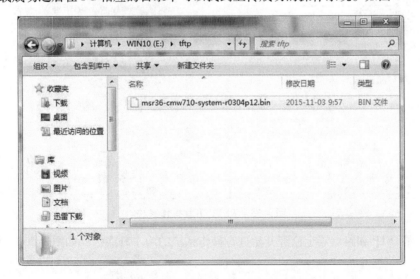

图 3-53　PC 端查看上传成功的操作系统

7）下面可以正式开始 TFTP 通过操作系统版本升级。准备好程序，在 PC 相应的目录里找到路由器操作系统软件，如图 3-54 所示。

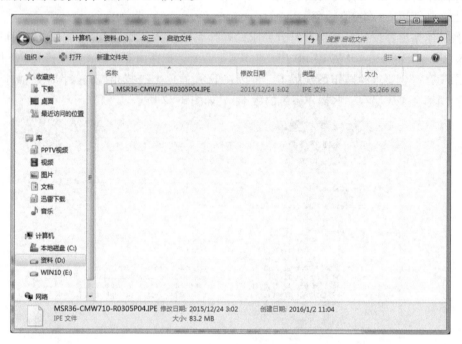

图 3-54　上传工程操作系统

8）在 PC 上打开 TFTP 服务器软件，并选择正确的目录和网卡。

9）在 MSR36-20_1 上输入"< H3C > tftp 192. 168. 1. 2 get MSR36-CMW710-R0305P04. IPE"命令，如图 3-55 所示。

 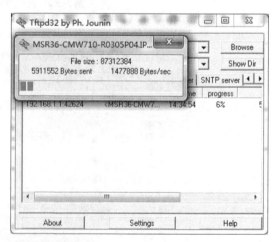

图 3-55　TFTP 下载操作系统

查看发现 TFTP 和路由器上已经开始进行操作系统的版本升级了，如图 3-56 所示。

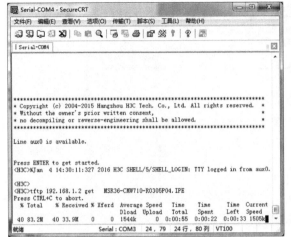
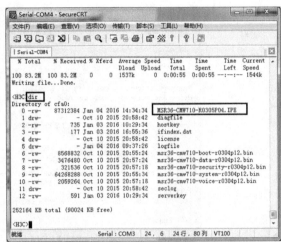

图 3-56　TFTP 下载操作系统完成

10）通过在路由器上输入命令"boot-loader file cfa0：/MSR36-CMW710-R0305P04.IPE main"，指定下次启动程序并释放系统压缩包文件。如图 3-57 所示。

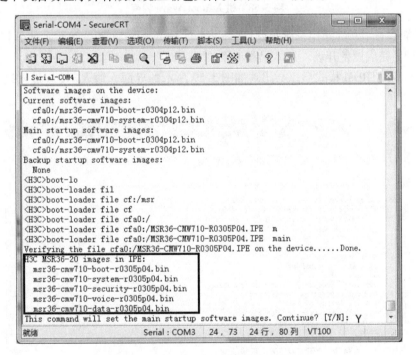

图 3-57　使用 dir 命令查看操作系统版本

（2）使用 TFTP 在 BOOTROM 模式下升级操作系统。

在路由器设备时，如果指定为下次设备开机默认加载的操作系统，同时输入 reboot 命令重启，那么下次设备开机就会选择新的操作系统进行加载了。如果存储空间不足，可以使用 delete 命令把原有的旧版本的操作系统删除。

但是实际操作过程中会出现因为误删除或者其他原因导致设备操作系统已经损坏的情况。若设备不能进入命令行，则会出现如图 3-58 所示的界面。

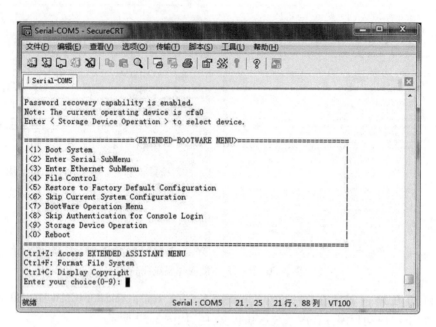

图 3-58 进入 Boot Ware 界面

也需要加载一个新的操作系统到设备中，使设备从故障中恢复。或者通过在 BOOTROM 模式下通过 TFTP 完成设备升级。具体配置步骤如下：

1）进入 BOOTROM 模式后，会出现如图 3-59 所示的界面，输入"3"进入以太网端口子菜单。

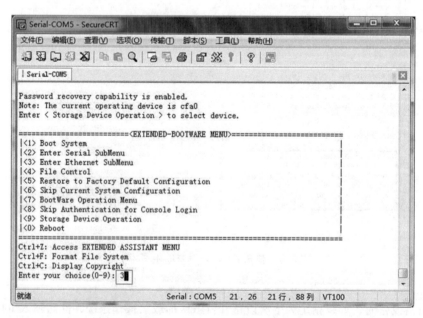

图 3-59 进入以太网端口子菜单

2）在弹出的以太口设置视图下输入"5"设置以太口参数，如图 3-60 所示。

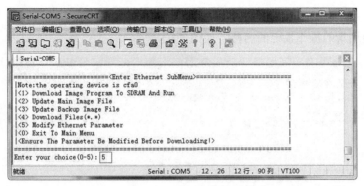

图 3-60　端口设置视图

3）此时出现如图 3-61 所示的界面。默认是采用 FTP 升级，如果需要采用"TFTP"升级请输入"TFTP"进行升级。

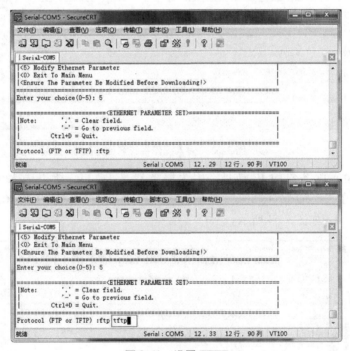

图 3-61　设置 TFTP

4）按 <Enter> 键进入操作系统的设置界面，如图 3-62 所示。

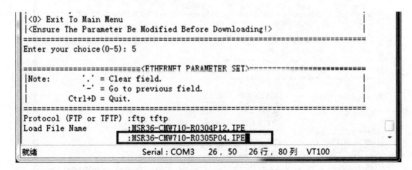

图 3-62　输入操作系统名称

5）把 PC 上保存的操作系统的名字输入或者复制粘贴到"Load File Name"处。上传成功后的文件依然使用新的操作系统的名称，如图 3-63 所示。

图 3-63　输入操作系统名称

6）紧接着输入服务器的 IP 地址。因为服务器是 PC 机，所以输入 PC 机的 IP 地址 192.168.1.2，并在"Local Ip Address"处输入路由器端口的 IP 地址：192.168.1.1，将掩码设置成 255.255.255.0，如图 3-64 所示。

图 3-64　进行 IP 地址设备

7）网关一栏可以不写，如图3-65所示。

图3-65 信息设置成功

8）输入成功后会重新进入端口设置视图，输入"2"上传最新的操作系统版本。一旦上传成功，会自动释放操作系统压缩文件包，在路由器上输入"4"，就可以看到上传成功的新操作系统文件，如图3-66所示。

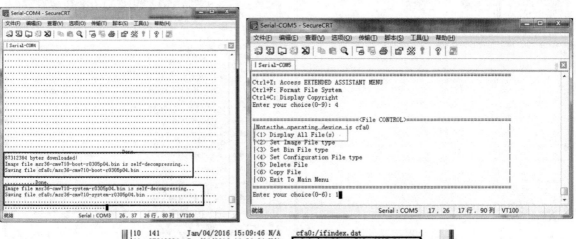

图3-66 显示设备文件

9）此时在设备上就可以看到之前下载成功的操作系统了，如图 3-67 所示。

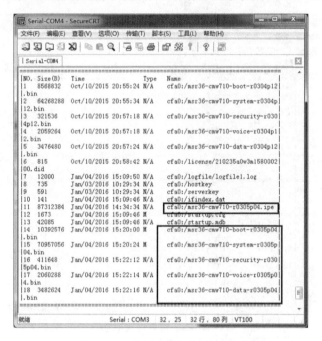

图 3-67　查看设备操作系统文件

10）如果需要删除旧操作系统文件，请输入"5"，如图 3-68 所示。

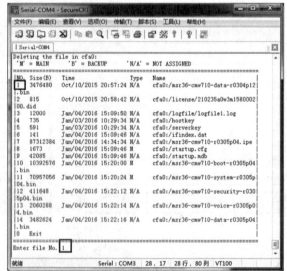

图 3-68　删除操作系统文件

在列表中找到需要删除的文件，选择前面的数字编号，完成删除文件的动作。

(3) 在 BOOTROM 模式下通过 Xmodem 协议完成升级

如果因设备出现设备操作系统损坏，同时不具备 TFTP/FTP 上传环境时，那么通过 TFTP 就不能完成设备操作系统的升级了。此时可以在 BOOTROM 模式下通过 Xmodem 协议完成升级。所谓的 Xmodem 就是通过 console 完成设备升级工作，如图 3-69 所示。

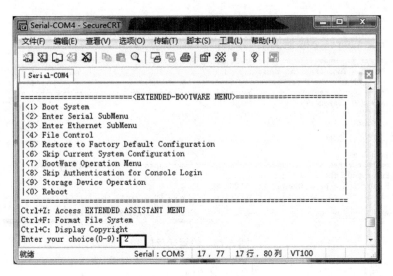

图 3-69 进入 Serial 视图

具体步骤如下：
1) 在 BOOTROM 模式下，选择"5"进入 Serial 口菜单界面，如图 3-70 所示。

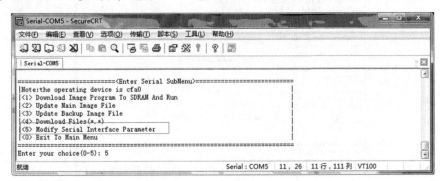

图 3-70 进入 Serial 口菜单界面

2) 选择进行 Serial 口设置菜单，如图 3-71 所示。

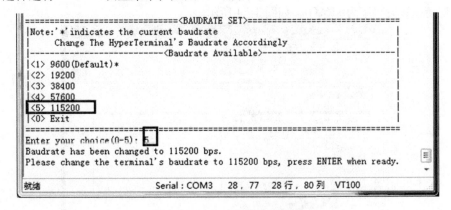

图 3-71 Serial 口波特率设置

如果出现不能控制设备的现象，建议需要重新把设备连接断开。
3) 此时需要将设备通信波特率设置成 115200（默认对设备配置的波特率 9600），如图

3-71所示。

设置成功后，设备就不能被控制了，如图3-72所示。

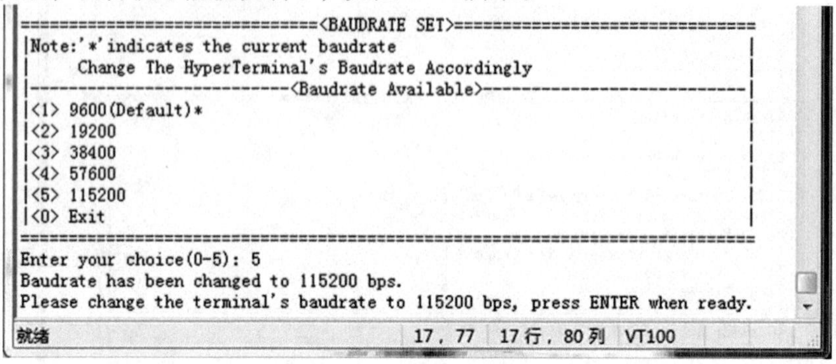

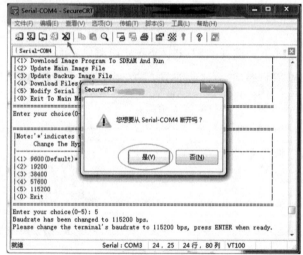

图 3-72　设置无反应

4）此时需要重新断开连接，如图3-73所示。

图 3-73　断开连接

5）重新设置波特率为115200，如图3-74所示。

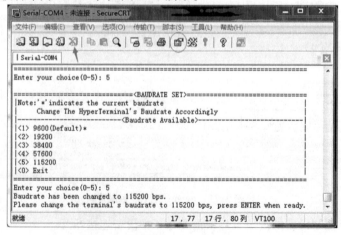

图 3-74　重新设置波特率

6）其他参数值选用默认值即可，如图 3-75 所示。

图 3-75　设置其他参数值

7）设置完成后重新连接，发现可以对设备进行控制了，此时默认波特率从 9600 变成了 15200，如图 3-76 所示。

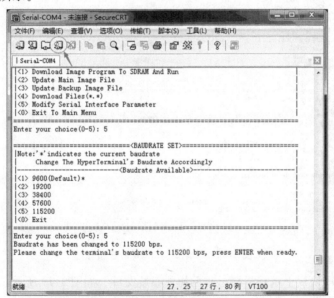

图 3-76　波特率设置成功

8）此时可以选择更新操作系统，如图 3-77 所示。

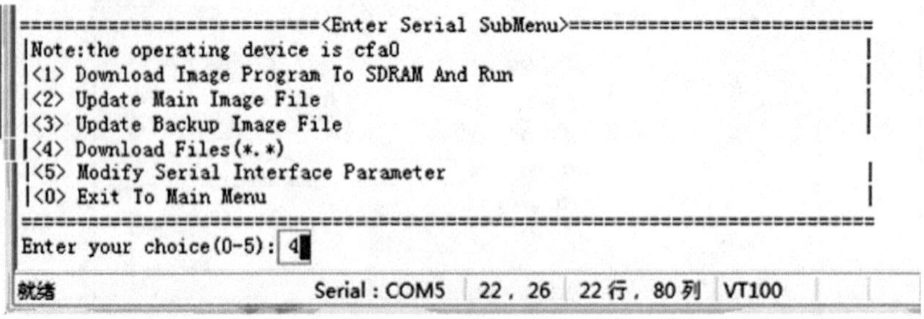

```
=========================<Enter Serial SubMenu>=========================
|Note:the operating device is cfa0                                     |
|<1> Download Image Program To SDRAM And Run                           |
|<2> Update Main Image File                                            |
|<3> Update Backup Image File                                          |
|<4> Download Files(*.*)                                               |
|<5> Modify Serial Interface Parameter                                 |
|<0> Exit To Main Menu                                                 |
========================================================================
Enter your choice(0-5): 4
```

图 3-77　下载文件

9）打开 Xmodem 协议，同时需要在菜单栏中选择"发送 XModem（N）…"命令，如图 3-78 所示。

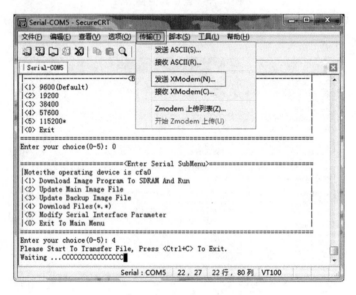

图 3-78　使用 XModem 协议传输

10）在 Xmodem 协议上选择需要上传的操作系统文件，如图 3-79 所示。

图 3-79　选择需要上传的操作系统文件

11)操作系统正在上传过程中,如图 3-80 所示。

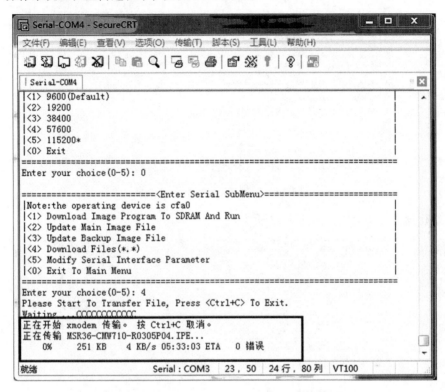

图 3-80　使用 XModem 进行操作系统文件传输

12)输入导入的操作系统名称,复制粘贴即可,如图 3-81 所示。

图 3-81　操作系统文件导入

图 3-81　操作系统文件导入（续）

13）执行操作系统上传，如图 3-82 所示。

图 3-82　设备上保存操作系统

14）上传成功。此时设备中已经有了新的操作系统，如图 3-83 所示。

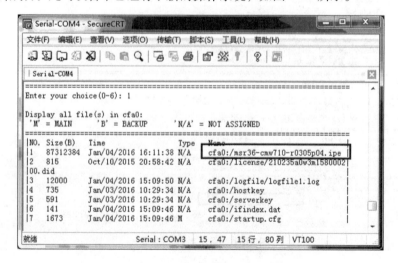

图 3-83　设备中已有操作系统文件

15）选择"4"文件控制，如图3-84所示。

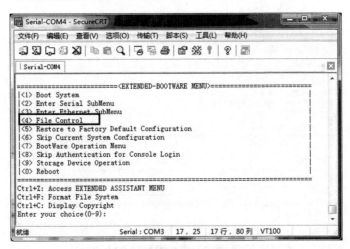

图3-84　文件控制

16）选择"2"设置文件类型，如图3-85所示。

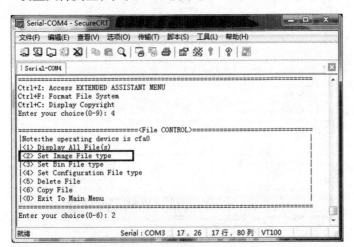

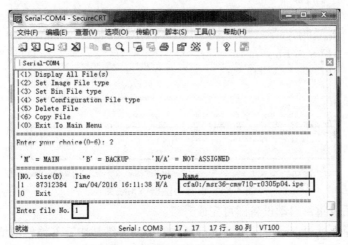

图3-85　设置文件类型并选择文件

17）输入"1"把文件设置成主操作系统文件，并自动解压缩操作系统文件包，如图3-86所示。

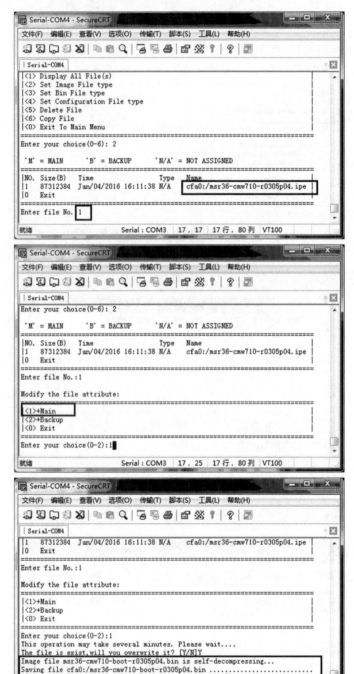

图 3-86　设置为主操作系统文件

解压缩完成后，重新启动设备即可完成升级。

需要注意的是，通过 Xmodem 协议进行操作系统的升级是在万不得已的情况下才使用的方法，因为此方法是通过 console 进行操作系统升级的，所以升级带宽速度较慢。

第 4 章 中型企业网项目案例分析

4.1 中型企业网的搭建与实施

随着网络技术的不断发展，其应用也越来越广泛。本章以搭建企业网为例，深入分析了如何以 VRRP（Virtual Router Redundancy Protocol，虚拟路由冗余协议）和 MSTP（Multiple Spanning Tree Protocol，多生成树协议）以及路由冗余和负载均衡技术来进行企业网的搭建，最终设计并实现一个高可靠性、高效率的企业网络。

考虑到企业网网络规模的扩充性问题，普通的平面网络模型难以满足其需求，故本项目中采用了传统的"分层网络模型"来进行设计。

4.1.1 项目建设背景

网络可靠性又称网络的可用性，使用平均故障间隔（Mean Time Between Failure，MTBF）和无故障工作时间两个参数来衡量，平均故障间隔越小且无故障工作时间越长，该网络设备的可靠性就越高。不同的行业对可靠性的要求不同，对于一般的网络，暂时中断不影响使用，而对网络依赖程度比较高的电子商务和金融行业来说，网络的中断就意味着经济利益受损。对网络可靠性，尤其是对企业网的可靠性与稳定性以及可扩容性的研究探讨，意义非常重大。

网络设备的投资在网络建设中占有相当大的比例，高档的、可靠性高的网络设备往往价格不菲。由于企业网络搭建初期考虑到资金成本问题，因此网络的可靠性需要设备本身的可靠程度以及一些先进网络技术来保证。

本次设计主要采用价格合理而且性能优越的 H3C 品牌网络设备以及一些成熟先进的可靠性技术来实现，力求在可靠性和经济性方面找到平衡点。

4.1.2 需求分析

在本例当中，企业分为四个部门，即部门一、部门二、部门三和部门四，各部门的网络分别有一台交换机，然后上联两台汇聚层交换机，将流量进行汇聚按照策略转发，最终通过路由器将流量转发出去。

在企业网当中面临的最大问题就是可靠性和稳定性，所以在接入和汇聚层之间使用了一些可靠性技术（MSTP 和 VRRP），来确保全网的稳定性和可靠性。

四个部门分别在独立的 VLAN 当中，部门间的通信依靠三层交换机结合 VLAN 间路由技术实现。每一个部门都利用 DHCP 技术来进行动态地址分配。

在内网出口设备采用 NAT（Network Address Translation，网络地址转换）技术实现内网和外网的通信。

具体的拓扑规划下文中会做详细介绍，部门之间 VLAN 划分见表 4-1。

表 4-1 部门之间 VLAN 划分

部门	VLAN 划分	所在网段
部门一	VLAN 2	192.168.1.0/24
部门二	VLAN 3	192.168.2.0/24
部门三	VLAN 4	192.168.3.0/24
部门四	VLAN 5	192.168.4.0/24

4.1.3 设备选型

相对企业网来说，所选择的网络设备，特别是位于核心层和汇聚层的交换机和路由器设备在性能和可扩展性方面要求更高，所使用的技术也必将更复杂。典型的企业网解决方案是整体性的，在设计网络方案时还需综合考虑网络安全、网络管理和网络优化等方面的问题。企业网建设本着模块化设计思想，将网络的易管理性、高安全性和高性能协调地统一起来。网络设备选型主要是通过全系列网络产品，构建一个完整、先进、可靠的网络硬件平台，从而有利于网络信息系统的使用、维护、扩充、升级。

1. 设备选型原则

在网络系统设计时需要考虑的因素如下：

1) 稳定可靠。只有运行稳定的网络才是可靠的网络。网络的可靠运行取决于诸多因素，如网络的设计、产品的可靠等，而选择一个可靠的网络合作厂商则更为重要，这不仅要求合作厂商有物理层、数据链路层和网络层的备份技术，还要求其具备运营此类网络的相关经验。

2) 高带宽。为了支持数据、语音、视频多媒体的传输能力，在技术上要达到当前的国际先进水平。要采用最先进的网络技术，以适应大量数据和多媒体信息的传输，既要满足目前的业务需求，又要充分考虑未来的发展。

3) 易扩展。系统要有可扩展性和可升级性，随着业务的增长和应用水平的提高，网络中的数据和信息流将按指数增长，需要网络有很好的可扩展性，并能随着技术的发展不断升级。易扩展不仅指设备端口的扩展，还指网络结构的扩展，即只有在网络结构设计合理的情况下，新的网络结点才能方便地加入已有网络。除此之外，易扩展还包括网络协议的扩展，即无论是选择第三层网络路由协议，还是规划第二层虚拟网的划分，都应注意其扩展能力。QoS（Quality of Service，服务质量）是网络的一种安全机制，用来解决网络延迟和阻塞等问题。随着网络中多媒体的应用越来越多，这类应用对服务质量的要求越来越高，本网络系统应能保证QoS，以支持这类应用。

4）高安全性。本网络系统应具有良好的安全性，这是因为网络连接了企业内部的所有用户，所以安全管理十分重要；应支持 VLAN 的划分，并能在 VLAN 之间实施第三层交换时实施有效的安全控制，以保证系统的安全。

5）容易控制。因为上网用户很多，如何管理好他们的通信网络，做到既保证一定的用户通信质量，又合理地利用网络资源，是合理搭建一个网络所面临的首要问题。在当前任何一个提供服务的网络中，对 IP 的支持是最普遍的，而 IP 技术本身又处在发展变化中，如 IPV6、IP QoS 等新兴的技术不断出现，企业网必须跟紧 IP 发展的步伐，即必须选择处于 IP 发展领导地位的网络厂商。

2. 核心层交换机选购

网络核心层是网络的中心枢纽，其功能是实现数据高性能的交换和传输，因此核心层设备应该由高性能的交换机担任，实现数据高速度的交换传输，连接服务器等核心设备，同时需要非常可靠和不间断工作。核心层交换机可以提供用户化定制、优先级队列服务和网络安全控制，并能很快适应数据增长和改变的需要。对于有更多需求的网络，核心层交换机不仅能传送海量数据，还具有硬件冗余的特性（如交换引擎模块、电源、风扇等），用以保证网络的可靠运行。这种交换机在背板带宽、包转发速率上要比一般交换机要高出许多，所以企业级核心层交换机一般都是千兆以太网交换机。根据网络技术的发展与产品应用的定位，核心设备拥有超过 200GB 的高容量，可充分满足上千个用户的网络需求，同时提供快速智能处理过程的能力。考虑到将来开展视频会议、视频点播、视频教学等业务，网络需具有多种宽带实时业务的能力，而可以基于 TCP/UDP 端口号处理大量精确数据流的智能多层交换机可以满足这个需求。

从性能角度来说，大多数的企业级核心层交换机的背板带宽是 256Gbit/s，包转发速率为 96~170 Mpps，显然这两个指标越高则交换机的性能越好。从成本角度来说，企业级核心层交换机的报价在 10 万~20 万元。考虑到企业网络应用的复杂性和多样性，提供最佳的性能、可管理性和灵活性及无与伦比的投资保护是非常重要的，因此企业网络主干推荐采用两台 S7500E 系列路由交换机作为核心交换机来连接各级交换机。由于企业网有可能会应用到 VOD 点播系统，集成商可以将 S7510E 的背板带宽扩展至 256Gbit/s，这样就大大增加了网络的交换能力、系统的互动性和系统的实时性。

S7500E 系列交换机还支持堆叠技术，将来扩充端口极为灵活方便，不必改变原有网络的配置。通过增加堆叠交换机数量或做（Port Trunking 端口干路）两种办法就可扩充网络规模，实现本地化交换，改善整个网络，使整个网络的性能发生质的变化。同时选用千兆光纤模块与主干上联，实现主干的千兆传输。另外，S7500E 系列交换机有一个功能强大且绝对无阻塞的 32Gbit/s 交换背板，可以保证堆叠中的所有端口间实现无阻塞的线速交换。

我们可以使用 S7510E 交换机为企业网提供一种高性能、多层交换的解决方案。S7510E 交换机专为需要千兆扩展、高度适用、多层交换的主从分布且服务器集中的应用环境设计。结合 H3C-IOS 广阔服务功能，S7510E 具备强大的网络管理性、用户机动性、安全性、高度实用性和对多媒体的支持性。

下面是 H3C S7500E 系列高端多业务路由交换机，如图 4-1 所示。

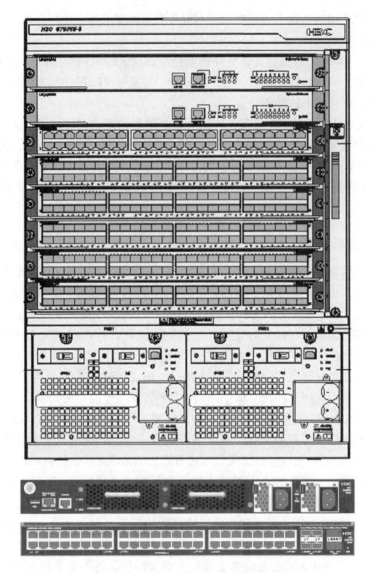

图 4-1　H3C S7500E 系列高端多业务路由交换机

H3C S5820V2 系列交换机是 H3C 公司自主研发的数据中心级以太网交换机产品，作为 H3C 虚拟融合架构（Virtual Converged Framework，VCF）的一部分，通过创新的体系架构大幅简化了数据中心网络结构，在提供高密 10GE/40GE 线速转发端口基础之上，还支持灵活的模块化可编程能力及丰富的数据中心特性。H3C S5820V2 系列交换机定位于下一代数据中心及云计算网络中的高密接入，也可用于企业网、城域网的核心或汇聚，如图 4-2 所示。

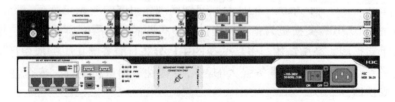

图 4-2　H3C S5820V2 系列交换机

MSR36-20 是 H3C 自主研发的新一代多业务路由器。MSR36-20 既可作为中小企业的出口路由器，也可以作为政府或企业的分支接入路由器，还可以作为企业网 VPN、NAT、IPSec 等业务网关使用，与 H3C 的其他网络设备一起为政务、电力、金融、税务、公安、铁路、教育等行业用户和大中型企业用户提供全方位的网络解决方案。

4.1.4 拓扑结构规划

企业网搭建是一项大型网络工程，需要根据企业本身的实际情况来制订网络设计原则。由于每个企业的需求不同，因此搭建的网络也不尽相同，但无论怎样设计都要遵循以下几点原则：

1）可靠性和高性能。网络必须是可靠的，包括网元级的可靠性，如引擎、风扇、单板、总机等；网络级的可靠性，如路由交换的汇聚、链路冗余、负载均衡等。网络必须具有足够高的性能，以满足业务的需要。

2）实用性和经济性。由于企业初期资金并不是很充足，不可能一步到位。再者，企业的网络需求有所不同，某些系统即使安装了也利用不起来，因此，在企业网的建设过程中，系统建设应始终遵循面向应用，注重实效，坚持实用、经济的原则。

3）可扩展性和可升级性。系统要有可扩展性和可升级性，随着业务量的增长和应用水平的提高，网络中的数据量和信息流将按指数增长，这就需要网络具备很好的可扩展性，并能随着技术的发展不断升级。因此，设备应选用符合国际标准的系统和产品，以保证系统具有较长的生命力和扩展能力，满足将来系统升级的要求。

4）易管理、易维护。由于企业骨干网络系统规模庞大，应用丰富而复杂，因此网络系统需要具有良好的可管理性，并具有监测、故障诊断、故障隔离、过滤设置等功能，同时应尽可能选取集成度高、模块可通用的产品，以便于系统的管理和维护。

5）先进性、成熟性。当前计算机网络技术发展迅速，设备更新得也很快，这就要求在企业网搭建的系统设计过程中既要采用先进的理念、技术和方法，又要采用相对成熟的结构、设备和工具。只有采用符合当前国际标准的成熟的先进技术和设备，才能确保企业网络能够适应将来网络技术发展的需要，在未来占主导地位。

6）安全性、保密性。网络系统应具有良好的安全性。由于企业骨干网络为多个用户内部网提供互联并支持多种业务，因此要求能进行灵活有效的安全控制，同时还应支持虚拟专网，以提供多层次的安全选择。在系统设计中，既要考虑信息资源的充分共享，更要注意信息的保护和隔离，因此系统应分别针对不同的应用和不同的网络通信环境，采取不同的措施，包括系统安全机制、数据存取的权限控制等。

7）灵活性、综合性。通过采用结构化、模块化的设计形式，满足系统及用户各种不同的需求，适应不断变化的要求。满足系统目标与功能，保证总体方案的设计合理，满足用户的需求，同时便于系统使用过程中的维护以及今后系统的二次开发与移植。

本网络设计的主要目标是实现互联网的宽带接入，同时适应未来企业网应用发展的需求，方案设计中企业网是由核心层、汇聚层与接入层组成。其中由安装在中心机房的多层交换机组成企业网的核心层负责快速而可靠地传输大量数据，由安装在教研楼、教学楼的交换机组成网络的汇聚层与接入层。设计人员必须确保核心层具有容错功能，因为核心层故障将影响网络中的所有用户。对网络设计人员来说，避免网络数据流出现不必要的延迟是其首要任务。三层网络架构采用层次化模型设计，即将复杂的网络设计分成几个层次，每个层次着重于实现某些特定的功能，这样就能够将一个复杂的大问题分解为许多简单的小问题，如图4-3 所示。

1) 核心层。核心层的主要功能是实现骨干网络之间的优化传输，其设计任务的重点通常是冗余能力、可靠性和高速的传输，而网络的控制功能尽量少在其上实施。核心层一直被认为是所有流量的最终承受者和汇聚者，所以对它的设计以及网络设备的要求十分严格，其设备将占投资的主要部分。核心层主要用于大规模数据的传输与转发，而且要尽可能地减少广播风暴所带来的负面影响。另外，还需要考

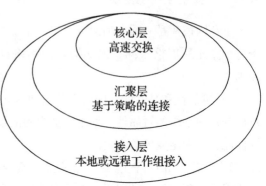

图 4-3 层级化网络模型

虑冗余设计，它是网络的高速交换主干，对整个网络的连通起到至关重要的作用。核心层应该具有如下几个特性：高可靠性、提供冗余、提供容错、能够迅速适应网络变化、低延时、可管理性良好、网络直径限定和网络直径一致。它是网络的枢纽部分，网络流量最大，因此也需要提供高带宽。

2) 汇聚层。汇聚层的主要功能是连接接入层节点和核心层中心。它是连接本地的逻辑中心，因此仍需要具有较高的性能和比较丰富的功能，还应考虑汇聚层与核心层有冗余的链路。汇聚层在企业网中占有许多角色，具有实施策略、安全、工作组接入、虚拟局域网（VLAN）之间的路由、源地址或目的地址过滤、汇总接入层路由等多种功能。在汇聚层中，应该采用支持三层交换和虚拟局域网的交换机，以达到网络隔离和分段的目的。

3) 接入层。接入层向本地网段提供用户接入。在企业网中，接入层的特征是交换式或共享带宽式局域网。在接入层中，减少同一以太网段上的用户计算机数量能够向工作组提供高速带宽。它的主要功能是完成用户流量的接入和隔离，因此在核心层和汇聚层的设计中着重考虑的是网络性能和功能性，在接入层设计上主张使用性价比高的设备。接入层为用户提供在局部网段访问互联网的能力，直接与桌面计算机接入，可实现 VLAN 划分与安全控制。接入层是最终用户与网络的端口，应该提供即插即用的特性，同时应该非常易于使用和维护，此外还要考虑端口密度的问题。

这种层次型的结构不但提高了整个网络的可用性和可靠性，而且可以滤除网络主干上不必要的流量，并为网络管理与运行维护奠定良好的基础。

本次案例的拓扑图如图 4-4 所示。

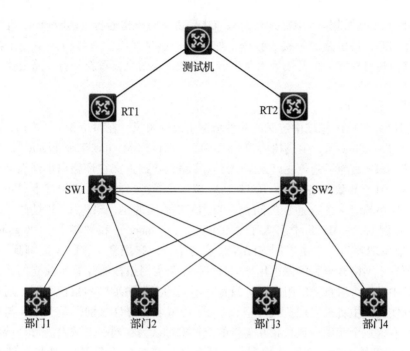

图 4-4 拓扑结构

4.1.5 技术分析

为了提高企业网的性能和可靠性，需要认真考虑路由冗余和负载均衡等问题。为此核心交换机的安全策略设计如下：一是对于经过核心层（或访问互联网）的数据流，可以利用 VRRP（Virtual Router Redundancy Protocol，虚拟路由冗余协议）实现路由冗余和负载均衡；二是对于同一个 VLAN 间计算机通信的数据流，可以利用 MSTP（Multiple Spanning Tree Protocol，多生成树协议）来保证网络稳定性和负载均衡。

1. VRRP

VRRP 是一种容错协议，专为具有组播或者广播能力的局域网设计。在该协议中，主要由两台路由设备协同工作，对终端 IP 设备的默认网关进行路由器冗余备份，当主路由器宕机时，备份路由及时提供转发工作，提高网络可靠性。

VRRP 将两台（或多台）路由器虚拟成一个设备，对外部网络提供虚拟路由器 IP。在这几个路由器内部，实际拥有对外 IP 的路由器在工作正常的情况下就是主路由（Master），或者通过算法选举产生。主路由器实现针对虚拟路由器 IP 的各种网络功能，如 ARP 请求、ICMP 以及数据包的转发等。其他设备被视为备份路由（Backup），除了接收主路由器的 VRRP 状态通告信息外，不执行对外的网络功能。当主路由器宕机时，备份路由将代替主路由器继续提供网络服务。

配置 VRRP 时，需要设定每个路由器的虚拟路由器 ID（VRID）和优先权值。VRID 是一个 0 ~ 255 的正整数，用于区分路由器，具有同一个 VRID 值的路由器为同一个组；优先权值也是一个 0 ~ 255 的正整数，同一组路由器通过比较优先权值的大小来选举主路由器，数值大者为主路由器。

VRRP 使用多播数据来传输 VRRP 数据，VRRP 数据使用虚拟源 MAC 地址（而不是自身实际的 MAC 地址）发送数据。VRRP 运行时只有主路由定时发送通告（Advertise）信息，发布主路由器的工作状态，备份路由只接收数据，如果在一定时间内没有接收到主路由器的通告信息，各备份路由将对外宣告自己成为主路由器，发送通告信息，重新进行主路由器选举。

2. MSTP

MSTP 是 IEEE 802.1s 标准中定义的一种新型生成树协议。在讨论 MSTP 之前，必须先讨论 STP（Spanning Tree Protocol，生成树协议）、RSTP（Rapid Spanning Tree Protocol，快速生成树协议）等协议。STP 是为了避免在以太网中形成环路，导致报文在环路内不断循环和积聚，形成"广播风暴"甚至导致网络瘫痪；RSTP 是从 STP 发展过来的，两者的基本思想一致，但它进一步处理了网络临时失去连通性的问题。与 MSTP 不同的是，STP/RSTP 是基于端口的，而 MSTP 是基于实例的——MSTP 中引入了"实例"（Instance）和"域"（Region）的概念。Instance 可以抽象理解为一个由不同 VLAN 组成的集合，它把多个 VLAN 捆绑到一个 Instance 中，有效地节省了网络开销和资源占用率。MSTP 各个实例拓扑的计算是独立的，实现了负载均衡，而且其中没有绝对意义的阻塞口，只是在不同的实例中端口的角色不同。通过在不同设备上设置不同实例的主备来实现负载分担。"域"由域名、修订级别以及 VLAN 与实例的映射关系组成，只有这三个元素一致且相互连接的交换机才认为在同一个域内。每个域内所有交换机都有相同的 MST 域配置，在默认情况下，域名就是交换机的桥 MAC 地址，即转发引擎的MAC。所有 VLAN 都映射到实例 0 上。MSTP 不仅解决了网络的二层环路，还实现了基于 VLAN 的负载分担，减轻了物理链路传输数据的压力。MSTP 也是最常用的一种高可靠性技术。

生成树是要根据一些参数来计算的，它在计算时就是通过交互 BPDU（Bridge Protocol Data Unit，网桥协议数据单元）来进行计算，从而确定出根桥，指定桥即非根桥，然后进行端口角色的选举，选举出根端口、指定端口和阻塞端口。由此也可以看出，生成树是通过阻塞相应的端口（而且是逻辑阻塞）来阻塞冗余链路。若无环的树形网络出现故障，则再启用阻塞的备用链路，以保证网络的可靠性和稳定性。

MSTP 的实例 0 具有特殊的作用，称为 CIST（Common Internal Spanning Tree，公共与内部生成树）实例，其他实例称为 MST（Multiple Spanning Tree，多生成树）实例。CIST 由通过 STP/RSTP 计算得到的单生成树和 MSTP 计算得到的域组成，以保证在所有桥接的局域网是简单的和全连接的。

3. 方案对比

在实现时用两个 VLAN 来举例，那么在实现时按照同样的方法进行划分就可以了。当然，当用户需求很大时，可以用扩展 VLAN 技术——Super VLAN 来实现。这里不对 Super VLAN 做详细研究，在工程实施时可以使用该技术。

比如，SW3 和 SW1、SW2 分别采用两根物理线缆连接，那么正常情况下 SW3 的流量主走 SW1，当主链路出现故障时，就会采用备用链路，也就是连接 SW2 的链路。那么其他三台设备的连接方法和技术以及工作原理同 SW3 相同，这里不再赘述。

在汇聚层的两台设备上采用了 MSTP 和 VRRP，那么这两种技术也是本次设计中用到的保证网络高可靠性的主要技术。

这里在进行 VRRP 的部署时考虑到了两种方案：一种是做端口监视；另一种是做物理链路备份。下面对这两种不同的方案进行阐述，并最终选择端口监视方案来完成拓扑架构。

(1) 端口监视 在 VRRP 里面可以结合端口监视来实现上行端口的监视功能,一旦发现上行链路出现故障,端口监视功能会马上执行事先设置好的命令,那么在命令实现时要进行优先级的设置。前面讲过,VRRP 中 VRID 默认优先级为 100,数值越大越优先。比如 VRID2 在 SW1 上优先级为 120,在 SW2 上为默认值 100,则要在 SW1 上做端口监视。让 VRID 监视上行端口。一旦发现端口处于 Down 状态或者出现其他异常,马上会将其 VRID 优先级降低 30(变为 90),通过比较可以看出,SW2 上使用的 VRID 为 100,它会马上成为主路由器,进而转发切换过来的流量。当上行端口恢复以后,原来 VRID 降为 90 的设备其 VRID 会提升到 120,那么原设备又成为主路由器,从而实现流量转发。这就是端口监视的过程,链路故障将相应 VRID 对应的优先级降低,这样原设备就会从主路由器变为备份路由器。原先作为备份用的设备将会从备份路由器切换成主路由器,那么对应的数据流就会立刻切换到主路由设备上去。这样就保证了网络的连通性,提高了网络的稳定性。

由此可以看出,端口监视并没有多出任何架构成本,也不需要额外的物理设备。只要在相应的端口下输入监视命令就可以了。但是也可以看出,如果上行端口出现问题,那么整台路由器就无法转发数据,会造成资源浪费,所有流量会切换到备份交换机上,这显然会降低设备的运行效率,降低转发速率,进而影响整个网络的性能。

(2) 物理链路备份 如果采用物理链路备份,就要在汇聚层和核心层的设备之间用物理线缆两两连接。比如 SW1 既要和 RT1 连接,又要和 RT2 连接。当和 RT1 连接的链路出现故障时,会把流量切换到与 RT2 连接的链路上。链路切换通过路由备份来实现。通过设置两条 OSPF 路由,分别对它们的优先级进行调整,已知 OSPF 域内优先级为 10,且优先级的值越小越优先,故可通过将备份链路的路由优先级改为 20 来实现路由备份,进而实现链路备份。

由此可以看出,这种方法在使用时会增加网络部署成本,需要采购物理线缆,但是实现起来相对简单,而且可靠性稍高于端口监视。同时它可以提高设备利用率,降低设备传输数据的速率,并且不会占用大量的设备资源,不会降低设备自身的转发能力和工作效率。

4.1.6 项目具体配置

1. MSTP 和 VRRP 的配置

前面已经详细阐述了 MSTP 和 VRRP 的工作原理。我们知道 MSTP 主要是防止网络的二层环路,通过基于实例的计算最终将整个网络生成多个无环的树形网络,而且实现了基于 VLAN 的负载分担。

2. MSTP 的具体实现

MSTP 是基于实例来生成树形网络的计算,最终生成多棵不同实例的树,而且实现了 VLAN 级的负载分担,减轻了物理链路传输数据的压力。在前面的解释中也可以发现,在 MSTP 中没有绝对意义上的阻塞口,对于同一个端口,只是在不同实例中它的角色不同,而且可以通过设置主备关系来实现负载分担。在此拓扑当中,把 VLAN2 映射到实例 2,VLAN3 映射到实例 3。让实例 2 在 SW1 上为根桥(Priority),在 SW2 上为备份根桥(Secondary)。这样实例 2 的数据就可以主走 SW1。同样的道理让实例 3 在 SW1 上为备份根桥,在 SW2 上为根桥,这样实例 3 的数据就可以主走 SW2。

以 SW1 为例,配置过程如下:

1)创建 VLAN 2 和 VLAN 3,同时将连接交换机的端口的链路类型设置成 Trunk 类型。

[SW1]vlan 2 to 3
interface Ethernet0/4/0
port link – mode bridge
port link – type trunk
port trunk permit vlan all
#
interface Ethernet0/4/1
port link – mode bridge
port link – type trunk
port trunk permit vlan all
#
interface Ethernet0/4/2
port link – mode bridge
port link – type trunk
port trunk permit vlan all
#
interface Ethernet0/4/3
port link – mode bridge
port link – type trunk
port trunk permit vlan all
#
interface Ethernet0/4/4
port link – mode bridge
port link – type trunk
port trunk permit vlan all
#
interface Ethernet0/4/5
port link – mode bridge
port link – type trunk
port trunk permit vlan all

2)设置 MSTP 进行 VLAN 的映射;实例 2 映射 VLAN 2;实例 3 映射 VLAN 3。

stp region – configuration
region – name 123
instance 2 vlan 2
instance 3 vlan 3
active region – configuration

在实际应用中,通过如下命令来实现 1 对多的 VLAN 和实例的映射。

instance 1 vlan 1 to 20

3)开启 STP,同时让实例 2 在 SW 1 上为根桥,实例 3 在 SW 1 上为备份根桥。

stp instance 2 root primary
stp instance 3 root secondary
stp enable

SW 2 的配置方法和 SW 1 相同,只不过实例 2 在 SW 2 上为备份根桥,实例 3 在 SW 2 上为根桥。

3. VRRP 的具体实现

在做 VRRP 时可以采用两种方案，而且前面也对这两种方案做了详细的解释和比较，本文最终采用端口监视方案来实现 VRRP。具体过程如下：设置双备份组 VRID 2 和 VRID 3，VRID 2 的地址是 192.168.1.14，VRID 3 的地址是 192.168.2.14。VRID 2 在 SW 1 上优先级为 120，并且监视上行口 Ethernet0/4/6。

VRID 3 在 SW 1 上优先级为 100，则与之对应的在 SW 2 上 VRID 2 的优先级为 100。VRID 3 的优先级为 120，并且监视上行口 Ethernet0/4/6。

以 SW 1 为例，具体实现命令如下：

让 VRID 2 为 VLAN 2 的主路由器，为 VLAN 3 的备份路由器。在 VLAN 10 端口下配置 IP 地址，并配置 VRRP 备份组 1 的虚拟网关地址，设置优先级为 110，监视上行端口 Ethernet0/4/6，当此端口处于 Down 状态时，立即将自身优先级降低 20。

[SW2]interface Vlan – interface10
ip address 10.10.10.1 255.255.255.0
interface Vlan – interface2
ip address 192.168.1.13 255.255.255.240
vrrp vrid 2 virtual – ip 192.168.1.14
vrrp vrid 2 priority 120
vrrp vrid 2 track interface Vlan – interface10 reduced 30

配置 VRID 3：

interface Vlan – interface3
ip address 192.168.2.13 255.255.255.240
vrrp vrid 3 virtual – ip 192.168.2.14

在 SW 2 上的配置和 SW 1 类似，只不过优先级相反即可，此处不再赘述。

在具体实施时可以设置多个 VRID。让 VRID 1、VRID 2 和 VRID 3 在 SW 1 上为主路由，在 SW2 上为备份路由即可。VRID 4、VRID 5 和 VRID 6 在 SW 1 上为备份路由，在 SW 2 上为主路由即可。配置方法和上述配置相同，此处不再赘述。

4. 链路聚合

为了保证链路的可靠性以及数据传输的高效性，可以在 SW 1 和 SW 2 两台设备上配置链路聚合，使两条物理链路聚合成一条逻辑的高速链路，以提高链路传输数据的速率，提高网络稳定性，同时实现负载均衡。链路聚合也就是基于流的负载分担。

1) 在 SW 1 的 1 口和 0 口配置链路聚合。

interface Ethernet0/4/0
port link – aggregation group 1
interface Ethernet0/4/1
port link – aggregation group 1

2) 在 SW 2 的 1 口和 0 口配置链路聚合。

interface Ethernet0/4/0

```
port link – aggregation group 1
interface Ethernet0/4/1
port link – aggregation group 1
```

5. NAT

在路由器上要设置 NAT（Network Address Translation，网络地址转换），让私网地址在公网上路由。为了节省费用，这里采用的是基于端口的动态转换，故可在 RT 1 和 RT 2 上进行 NAT 设置。在模拟实现时，可以让 PC 来代替 ISP。RT 1 上的公网地址是 202.0.0.1/24，RT 2 上的公网地址是 202.0.1.1/24。允许 192.168.1.0/28 和 192.168.2.0/28 两个网段的地址可以被转换，且在具体实现时，还要根据情况来指定 ACL 规则。

这里以 RT 1 为例来进行配置，配置命令如下：

ACL 转换规则允许 192.168.1.0/28 和 192.168.2.0/28 两个网段被转换。

```
acl number 2000
rule 1 permit source 192.168.1.0 0.0.0.15
rule 2 permit source 192.168.2.0 0.0.0.15
```

配置 NAT 转换：

```
nat address – group 1 202.1.1.1 202.1.1.1
```

在端口下绑定 NAT 和 ACL：

```
interface GigabitEthernet0/0/1
port link – mode route
nat outbound 2000 address – group 1
```

RT 2 的配置方法和 RT 1 相同，只不过 NAT 地址池给的是 202.0.0.10。

在进行项目实施时要用 S 口（串口），这里为了方便实现则使用 G 口（千兆以太网口）来代替串口。

NAT 当中用到了 ACL 来进行数据段的匹配。关于 ACL，这里再简单介绍一下，见表 4-2。

表 4-2 ACL 自动识别模式匹配顺序

ACL 类型	"深度优先"排序法则
IPv4 基本 ACL	• 先判断规则的匹配条件中是否包含 VPN 实例，包含者优先 • 如果 VPN 实例的包含情况相同，再比较源 IPv4 地址范围，较小者优先 • 如果源 IPv4 地址范围也相同，再比较配置的先后次序，先配置者优先
IPv4 高级 ACL	• 先判断规则的匹配条件中是否包含 VPN 实例，包含者优先 • 如果 VPN 实例的包含情况相同，再比较协议范围，指定有 IPv4 承载的协议类型者优先 • 如果协议范围也相同，再比较源 IPv4 地址范围，较小者优先 • 如果源 IPv4 地址范围也相同，再比较目的 IPv4 地址范围，较小者优先 • 如果目的 IPv4 地址范围也相同，再比较四层端口（即 TCP/UDP 端口）号的覆盖范围，较小者优先 • 如果四层端口号的覆盖范围无法比较，再比较配置的先后次序，先配置者优先

6. 验证配置

1) MSTP 的实施结果。

SW1 上 MSTP 最终结果：

MSTID	Port	Role	STP State	Protection
0	Bridge – Aggregation1	EDESI	FORWARDING	NONE
0	Ethernet0/4/2	DESI	FORWARDING	NONE
0	Ethernet0/4/3	DESI	FORWARDING	NONE
0	Ethernet0/4/4	DESI	FORWARDING	NONE
0	Ethernet0/4/5	DESI	FORWARDING	NONE
2	Bridge – Aggregation1	DESI	FORWARDING	NONE
2	Ethernet0/4/2	DESI	FORWARDING	NONE
2	Ethernet0/4/3	DESI	FORWARDING	NONE
2	Ethernet0/4/4	DESI	FORWARDING	NONE
2	Ethernet0/4/5	DESI	FORWARDING	NONE
3	Bridge – Aggregation1	ROOT	FORWARDING	NONE
3	Ethernet0/4/2	DESI	FORWARDING	NONE
3	Ethernet0/4/3	DESI	FORWARDING	NONE
3	Ethernet0/4/4	DESI	FORWARDING	NONE
3	Ethernet0/4/5	DESI	FORWARDING	NONE

SW 2 上 MSTP 的最终结果：

MSTID	Port	Role	STP State	Protection
0	Bridge – Aggregation1	DESI	DISCARDING	NONE
0	Ethernet0/4/2	DESI	FORWARDING	NONE
0	Ethernet0/4/3	ALTE	DISCARDING	NONE
0	Ethernet0/4/4	ROOT	FORWARDING	NONE
0	Ethernet0/4/5	ALTE	DISCARDING	NONE
2	Bridge – Aggregation1	DESI	DISCARDING	NONE
2	Ethernet0/4/2	DESI	FORWARDING	NONE
2	Ethernet0/4/3	ALTE	DISCARDING	NONE
2	Ethernet0/4/4	ROOT	FORWARDING	NONE
2	Ethernet0/4/5	ALTE	DISCARDING	NONE
3	Bridge – Aggregation1	DESI	DISCARDING	NONE
3	Ethernet0/4/2	DESI	FORWARDING	NONE
3	Ethernet0/4/3	DESI	FORWARDING	NONE
3	Ethernet0/4/4	DESI	FORWARDING	NONE
3	Ethernet0/4/5	DESI	FORWARDING	NONE

接入层交换机只以 SW 3 为例。

SW 3 上的实现结果：

MSTID	Port	Role	STP State	Protection
0	Ethernet0/4/0	DESI	FORWARDING	NONE
0	Ethernet0/4/1	DESI	FORWARDING	NONE
0	Ethernet0/4/2	ROOT	FORWARDING	NONE
0	Ethernet0/4/4	ALTE	DISCARDING	NONE

2	Ethernet0/4/0	DESI	FORWARDING	NONE
2	Ethernet0/4/2	ROOT	FORWARDING	NONE
2	Ethernet0/4/4	ALTE	DISCARDING	NONE
3	Ethernet0/4/1	DESI	FORWARDING	NONE
3	Ethernet0/4/2	ALTE	DISCARDING	NONE
3	Ethernet0/4/4	ROOT	FORWARDING	NONE

以 SW 3 为例来验证一下，如果当前无环的树形网络出现故障，MSTP 是如何启用阻塞端口，从而保证网络可靠性的。

正常情况下，VLAN 2 在 SW 3 上主走 Ethernet0/4/2 口，Ethernet0/4/4 口被阻塞：

MSTID	Port	Role	STP State	Protection
0	Ethernet0/4/0	DESI	FORWARDING	NONE
0	Ethernet0/4/1	DESI	FORWARDING	NONE
0	Ethernet0/4/2	ROOT	FORWARDING	NONE
0	Ethernet0/4/4	ALTE	DISCARDING	NONE
2	Ethernet0/4/0	DESI	FORWARDING	NONE
2	Ethernet0/4/2	ROOT	FORWARDING	NONE
2	Ethernet0/4/4	ALTE	DISCARDING	NONE
3	Ethernet0/4/1	DESI	FORWARDING	NONE
3	Ethernet0/4/2	ALTE	DISCARDING	NONE
3	Ethernet0/4/4	ROOT	FORWARDING	NONE

从结果可以看出，MSTP 计算是成功的。

然后验证端口断掉后的收敛效果。理论上断掉 Ethernet0/4/2 口之后应该启用 Ethernet0/4/4 口：

MSTID	Port	Role	STP State	Protection
0	Ethernet0/4/0	DESI	FORWARDING	NONE
0	Ethernet0/4/1	DESI	FORWARDING	NONE
0	Ethernet0/4/4	ROOT	FORWARDING	NONE
2	Ethernet0/4/0	DESI	FORWARDING	NONE
2	Ethernet0/4/4	ROOT	FORWARDING	NONE
3	Ethernet0/4/1	DESI	FORWARDING	NONE
3	Ethernet0/4/4	ROOT	FORWARDING	NONE

从上面的结果可以看出，实验达到了预期的效果。断掉 Ethernet0/4/2 口之后启用了原来阻塞掉的 Ethernet0/4/4 口。

MSTP 成功！

2）VRRP 最终结果。

SW 1 上的 VRRP 实现结果：

```
IPv4 Standby Information:
     Run Mode         : Standard
     Run Method       : Virtual MAC
Total number of virtual routers : 2
   Interface Vlan – interface2
     VRID             : 2              Adver Timer      : 1
     Admin Status     : Up             State            : Master
```

```
        Config Pri           : 120                Running Pri    : 120
        Preempt Mode         : Yes                Delay Time     : 0
        Auth Type            : None
        Virtual IP           : 192.168.1.14
        Virtual MAC          : 0000-5e00-0102
        Master IP            : 192.168.1.13
    VRRP Track Information:
        Track Interface: Vlan10                   State: Up           Pri Reduced: 30
        Interface Vlan-interface3
        VRID                 : 3                  Adver Timer    : 1
        Admin Status         : Up                 State          : Backup
        Config Pri           : 100                Running Pri    : 100
        Preempt Mode         : Yes                Delay Time     : 0
        Auth Type            : None
        Virtual IP           : 192.168.2.14
        Master IP            : 192.168.2.12
```

SW 2 上的 VRRP 实现结果：

```
Ipv4 Standby Information:
    Run Mode             : Standard
    Run Method           : Virtual MAC
Total number of virtual routers : 2
    Interface Vlan-interface2
        VRID                 : 2                  Adver Timer    : 1
        Admin Status         : Up                 State          : Backup
        Config Pri           : 100                Running Pri    : 100
        Preempt Mode         : Yes                Delay Time     : 0
        Auth Type            : None
        Virtual IP           : 192.168.1.14
        Master IP            : 192.168.1.13
    Interface Vlan-interface3
        VRID                 : 3                  Adver Timer    : 1
        Admin Status         : Up                 State          : Master
        Config Pri           : 120                Running Pri    : 120
        Preempt Mode         : Yes                Delay Time     : 0
        Auth Type            : None
        Virtual IP           : 192.168.2.14
        Virtual MAC          : 0000-5e00-0103
        Master IP            : 192.168.2.12
    VRRP Track Information:
        Track Interface: Vlan10                   State: Up           Pri Reduced: 30
```

从上面的结果可以看出，此时在拓扑图上达到了预期的目标，实现了主路由器的备份。VRID 2 在 SW 1 上为主路由器，即 VLAN 2 流量主走 SW 1，VLAN 3 则恰好与其相反。

下面对主备切换进行验证。

以 SW 1 的上行端口断掉为例，查看 VRID 2 能否将流量切换到 SW 2，用 VRID 的主备切换来证实流量切换。

正常情况下：

```
Ipv4 Standby Information:
    Run Mode        : Standard
    Run Method      : Virtual MAC
Total number of virtual routers : 2
Interface      VRID     State      Run     Adver    Auth     Virtual
                                   Pri     Timer    Type     IP
Vlan2          2        Master     120     1        None     192.168.1.14
Vlan3          3        Backup     100     1        None     192.168.2.14
```

可以看到 VRID 2 在 SW 1 上为主路由器，来转发流量。

下面断掉上行端口：

```
Ipv4 Standby Information:
    Run Mode        : Standard
    Run Method      : Virtual MAC
Total number of virtual routers : 2
Interface      VRID     State      Run     Adver    Auth     Virtual
                                   Pri     Timer    Type     IP
Vlan2          2        Backup     90      1        None     192.168.1.14
Vlan3          3        Backup     100     1        None     192.168.2.14
```

可以看到，VRID 2 在 SW 1 上变为了备份路由器。说明上行端口断掉后，流量切换到了 SW 2 上。

为了验证该结果，下面来看 SW 2 上的情况：

```
Ipv4 Standby Information:
    Run Mode        : Standard
    Run Method      : Virtual MAC
Total number of virtual routers : 2
Interface      VRID     State      Run     Adver    Auth     Virtual
                                   Pri     Timer    Type     IP
Vlan2          2        Master     100     1        None     192.168.1.14
Vlan3          3        Master     120     1        None     192.168.2.14
```

从 SW 2 上 VRID 2 的状态上可以看出，成功地完成了切换，VRID 2 在 SW 2 上顺利地从备份路由器转变为主路由器，或者说是 VLAN 2 的当前网关。

VRRP 成功！

4.2　中型企业网事故案例分析

在进行整网搭建时，网络设计中难免会遇到一些困难，出现一些问题和漏洞，下面针对企业网搭建中存在的一些问题进行总结，并提供借鉴作用，以防后续工程中出现不必要的经济损失。

4.2.1　项目配置错误分析

MSTP 是目前使用最多的一种二层防环技术，虽然 MSTP 在组网上运用得非常成熟，但是在进行 MSTP 配置时往往会因为种种原因导致 MSTP 出错，导致网络无法正常工作。

下面就列举几个 MSTP 在使用过程中常见的问题以及解决方法。

案例一：与友商设备同时进行 MSTP 计算。

根据 IEEE 802.1s 规定，只有在 MST 域配置（包括域名、修订级别和 VLAN 映射关系）完全一致的情况下，相连的设备才被认为是在同一个域内。当设备使用了 MSTP 以后，设备之间通过识别 BPDU 数据报文内的配置 ID 来判断相连的设备是否与自己处于相同的 MST 域内；配置 ID 包含域名、修订级别、配置摘要等内容，其中配置摘要长 16Byte，是由 HMAC-MD5 算法将 VLAN 实例映射关系加密计算而成。

在网络中，由于一些厂商的设备在对 MSTP 的实现上存在差异，即用加密算法计算配置摘要时采用私有的密钥，从而导致即使 MST 域配置相同，不同厂商的设备之间也不能实现在 MSTP 域内互通的问题。

通过在设备上与对 MSTP 的实现存在私有性差异的第三方厂商设备相连的端口使用摘要侦听功能，可以实现与这些厂商设备在 MST 域内的完全互通。

（1）组网需求　Device A 和 Device B 分别与对 MSTP 的实现存在私有性差异的第三方厂商设备 Device C 互联并配置在同一域内。

在 Device A 和 Device B 上使用摘要侦听功能，实现与 Device C 在 MSTP 域内的互通。

（2）组网图　摘要侦听功能配置组网图如图 4-5 所示。

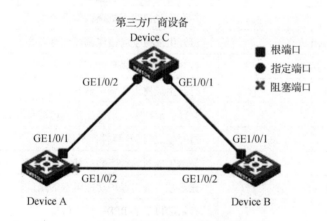

图 4-5　摘要侦听功能配置组网图

（3）配置步骤　在 Device A 的端口 GE1/0/1 上使用摘要侦听功能，并全局使用该功能。

< DeviceA > system – view
[DeviceA] interface gigabitethernet 1/0/1
[DeviceA – GigabitEthernet1/0/1] stp config – digest – snooping
[DeviceA – GigabitEthernet1/0/1] quit
[DeviceA] stp config – digest – snooping

在 Device B 的端口 GE1/0/1 上使用摘要侦听功能，并全局使用该功能。

< DeviceB > system – view
[DeviceB] interface gigabitethernet 1/0/1
[DeviceB – GigabitEthernet1/0/1] stp config – digest – snooping

［DeviceB – GigabitEthernet1/0/1］quit
　　［DeviceB］stp config – digest – snooping

　　（4）注意事项　摘要侦听功能在端口生效后，由于不再通过配置摘要的比较计算来判断是否在同一个域内，因此需要保证互连设备的域配置中的 VLAN 实例映射关系配置相同。

　　全局使用摘要侦听功能后，禁止修改 MST 域配置中 VLAN 与实例的映射关系，禁止通过"undo stp region-configuration"命令取消当前域配置，但可以修改域配置中的域名和修订级别。

　　只有当全局和端口上都使用了摘要侦听功能，该功能才能生效。使用摘要侦听功能时，建议先在所有与第三方厂商设备相连的端口上使用该功能，再全局使用该功能，以一次性让所有端口的配置生效，从而减少对网络的冲击。

　　请不要在 MST 域的边界端口上使用摘要侦听功能，否则可能会导致环路。

　　建议配置完摘要侦听功能后再使用 MSTP。在网络稳定的情况下，不要进行摘要侦听功能的配置，以免造成临时的流量中断。

　　（5）STP 显示命令（见表 4-3）

表 4-3　STP 显示命令

命令	说明
debugging stp all	打开生成树的所有调试信息开关
debugging stp event	打开生成树事件调试信息开关
debugging stp fsm	打开生成树状态机调试信息开关
debugging stp global-error	打开生成树全局错误调试信息开关
debugging stp global-event	打开生成树全局事件调试信息开关
debugging stp packet	打开生成树报文调试信息开关
debugging stp roles	打开生成树端口角色变化调试信息开关
debugging stp tc	打开生成树 TC 事件调试信息开关
display stp	显示生成树的状态和统计信息
display stp abnormal-port	显示被生成树保护功能阻塞的端口信息
display stp bpdu-statistics	显示端口上的 BPDU 统计信息
display stp down-port	显示被生成树保护功能断掉的端口信息
display stp history	显示生成树端口角色计算的历史信息
display stp ignored-vlan	显示已使能 VLAN Ignore 功能的 VLAN 列表
display stp region-configuration	显示当前生效的 MST 域配置信息

　　案例二：指定端口无法实现状态切换。

　　故障描述：指定端口一直处于 Discarding 状态，无法迁移到 Forwarding 状态。

　　处理流程如图 4-6 所示。

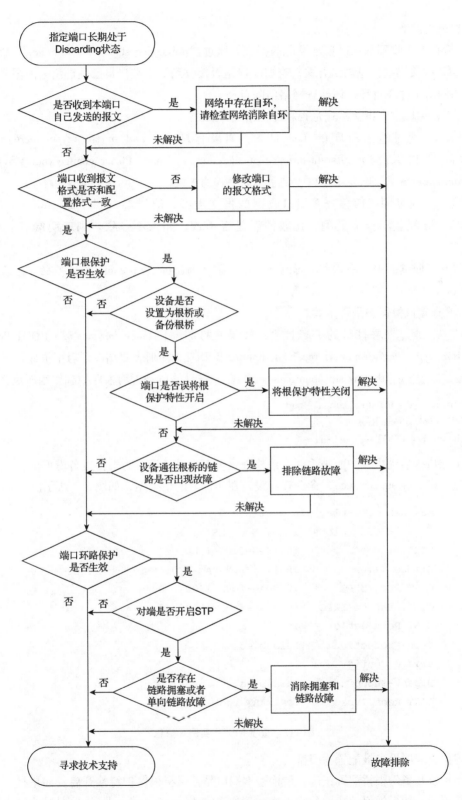

图 4-6　STP 排查

处理过程如下：

1）检查是否收到本端口自己发送的报文。通过"debugging stp packet interface"命令打开端口的 STP 报文详细信息调试开关，查看端口是否接收到了本端口自己发送出去的报文，如果是，表明网络中存在自环，请检查网络消除自环。

2）检查端口收到报文格式是否和配置格式一致。

方法一：通过查看打印的 Log 日志，如果有打印"Port *interface-type interface-number* received MSTP BPDUs of a different format than the configured one. Please change your MSTP BPDU format configuration."，则表明端口收到了不同格式的报文。

方法二：通过调试信息查看端口收到的报文类型，通过"display stp interface"命令查看端口实际配置的报文类型，比较两者是否一致，如果不一致，则表明端口收到不同格式报文。

如果端口收到的报文格式和配置的格式不一致，则通过"stp compliance"命令修改端口的报文格式。

3）检查端口根保护是否生效。

方法一：通过查看打印的 Log 日志，如果有打印"Instance *instance-id*'s ROOT-Protection port *interface-type interface-number* received superior BPDUs."，则表明端口开启了根保护。

方法二：通过"display stp abnormal-port"命令查看端口是否因根保护起作用而被丢弃。

```
<Sysname> display stp abnormal – port
MSTID Blocked Port Reason
0 Ethernet 1/4 ROOT – Protected
```

如果端口因启动根保护而被丢弃，请检查是否误将设备设置为根桥或备份根桥。

通过"display stp instance"命令查看设备在实例上的根类型，如图 4-7 所示。

```
<Sysname> display stp instance 0
-------[CIST Global Info][Mode MSTP]-------
CIST Bridge            :0.00e0-fc02-1900
Bridge Times           :Hello 2s MaxAge 20s FwDly 15s MaxHop 20
CIST Root/ERPC         :0.00e0-fc02-1900 / 0
CIST RegRoot/IRPC      :0.00e0-fc02-1900 / 0
CIST RootPortId        :0.0
BPDU-Protection        :disabled
Bridge Config-
Digest-Snooping        :disabled
CIST Root Type         :PRIMARY root
```

图 4-7　查看 MSTP 实例 0 信息

上述信息表明设备被配置为根桥。

如果根桥和备份根桥配置正确，请检查本端口是否误将根保护特性开启。如果是，请将根保护特性关闭；如果根保护特性配置正确，请通过"display interface"命令查看端口当前的链路状态，检查设备通往根桥的链路是否出现故障，如图 4-8 所示。

```
<Sysname> display interface ethernet 1/1
Ethernet1/1 current state: DOWN
IP Packet Frame Type: PKTFMT_ETHNT_2, Hardware Address: 0000-fc00-6507
Description: Ethernet1/1 Interface
Loopback is not set
Media type is twisted pair
Port hardware type is  100_BASE_T
```

图 4-8　查看端口信息

如果出现了链路故障，则将故障排除。

4）检查端口环路保护是否生效。

方法一：通过查看打印的 Log 日志，如果有打印"Instance *instance-id*'s LOOP-Protection port*interface-type interface-number* failed to receive configuration BPDUs. "，则表明端口开启了环路保护。

方法二：通过"display stp abnormal-port"命令查看端口是否因环路保护起作用而被丢弃。

```
< Syaname >  display stp abnormal – port
MSTID  Blocked Port      Reason
0         Ethernet 1/4    LOOP – Protected
```

如果端口因启动环路保护而被丢弃，请检查对端 STP 是否开启。如果开启 STP，请检查是否出现链路拥塞或者存在单向链路故障（通过"display stp interface"命令检查对端端口的链路状态。对于光纤口，请检查光纤的收光线和发光线是否正常）。如果是链路拥塞，则可以通过增大超时因子解决该问题；如果出现单向链路，则排除此故障。

下面针对 VRRP 在配置时需要注意的一些事项做以下分析：

（1）问题描述　局域网内的主机无法与外部通信时，通过"display vrrp"命令或者通过 SNMP 网管方式查看 VRRP 备份组中各个路由器的状态，发现有多个 VRRP 路由器都处于 Master 状态。

（2）问题定位　按如下步骤依次检查：

1）检查 VRRP 配置是否一致。VRRP 要求组成备份组的多个路由器必须配置一致，即要求虚拟 IP 地址、VRRP 报文广播间隔时间、认证方式和认证字的配置必须相同。

2）检查端口互通性。确认互连端口是否处于 Up 状态。检查互连端口的配置情况，如果是 Trunk 或者 Hybrid 端口，要确定端口 PVID 是否一致，是否允许 VRRP 备份组所在 VLAN 通过，端口是否配置 802.1x 等协议。检查端口是否因 STP、RRPP、Smart-link 或者 LACP 等协议而阻塞。通过"display interface"命令查看端口是否存在大量错误的报文。

3）检查 VRRP 报文收发。打开 VRRP 调试开关，确定 VRRP 报文是否能够正常收发。如果看不到 VRRP 报文调试信息，可以打开 IP 报文调试信息进行查看。

4）检查 CPU 占用情况。通过"display cpu-usage"命令查看 VRRP 报文互通的业务板和主控板 CPU 占用率是否过高。可以通过"display interface"命令查询端口流量，确定网络中是否存在广播风暴。如果存在网络风暴，则 VRRP 报文无法正常送给 CPU 处理，VRRP 状态必然出现异常。

5）解决问题方法。若 VRRP 配置不对称，则在端口视图下使用"display this"命令查看配置，以确认哪一端的配置是正确的，修改另一端配置，使 VRRP 配置一致。

6）端口互通问题。如果是端口不允许 VRRP 备份组所在 VLAN 通过或者 PVID 问题，请更改相关配置；如果链路被 STP 等协议阻塞，导致 VRRP 报文无法正常传送，请修改端口 STP 优先级等配置以保证互连端口能够正常进行 VRRP 报文转发。如果端口存在大量错误的报文，则需要检查链路，如检查两端的光衰减是否在正常范围。如有故障，请更换连接所用的光纤。

7）VRRP 报文收发不正常。如果在确保端口互通性的前提下仍然看不到 VRRP 的报文调试信息，很有可能 VRRP 报文被丢弃了。如果 CPU 限速导致报文丢弃，可根据实际组网需要适当减少配置的 VRRP 路由器数量或者调整 VRRP 报文发送时间间隔。

4.2.2 项目实施流程问题分析

1. CPU 占用率过高

如果 CPU 保持比较高的占用率，则请关闭不必要的业务。

在进行项目实施时不仅要保证配置不出错，同时还要注意设备自身的可靠性，有些情况下配置正确但是由于设备的自身物理原因无法完成项目实施。下面针对一些常见硬件故障进行分析：

1）线路故障。设备所连接的某条线路发生故障，导致个别端口不能正常工作，并导致此端口的通信异常。

2）端口故障。设备上的个别端口（光口、电口）出现故障，使得故障端口无法正常工作，并导致故障端口所连设备通信异常。

3）引擎故障。设备上的某个交换端口模块出现异常，导致其上关联的所有端口均无法正常工作，并导致与此模块端口相关联的设备通信异常。

4）电源故障。设备电源或者供电线路发生故障，导致设备无法正常得到供电或缺乏电源冗余。

5）整机故障。整台设备无法正常工作，可能是由引擎或者机箱故障导致整体设备的瘫痪。

故障处理方案如下：

1）线路故障的主要表现为端口物理及链路协议终状态显示为"Down"，相应线路对端网络设备连接不通。通过"display interface"命令确认端口状态，并将线路转接至备份端口，检查端口状态是否依然异常，如发现线路还是不通，考虑更换线缆。

2）对于端口故障，检查端口状态指示灯是否正常。端口状态指示灯信息见表 4-4。

表 4-4　端口状态指示灯信息

指示灯	颜色/活动	描　述
LINK	绿色	• 接收到了信号 • 收发（RX）同步 • GBIC 或 SFP 模块已经安插上，并且没有任何错误情况出现 • 板卡与另一种 GE 光口建立了连接，并收到了信号
LINK	不亮	• 没有任何信号。在光信号丢失的情况下会出现这种现象。比如，取出 GBIC 或 SFP 或取下光纤，导致信号丢失、收发同步失败 • 收发同步失败。在收光口不能收到光的情况下会出现这种现象。比如，取下本地收光光纤或者选端的发光光纤将会导致这种情况的发生 • 没有收到有效字符。为了保持收光口的一致和同步，收光口将找寻一个唯一的可侦测到的信号编码方式。无效字符这种错误的发生是因为收光口侦测到的信号的编码方式与设定的不相匹配，从而导致光口失去同步，连接断开的情况发生
ACTIVE	绿色	• 当开启链路协议，ACTIVE 指示灯会有绿灯亮启。比如，为某一个端口配置了 "undo shutdown" 命令 • 在板卡初始启动时，绿色指示灯也会亮启
ACTIVE	不亮	• 由于协商失败或者安插的 GBIC、SFP 损坏，链路协议没有开启，ACTIVE 指示灯会不亮 • 板卡硬件初始启动失败 • GBIC 或 SFP 光模块被取下、替换或者端口本身处于 Shutdown 的状态，ACTIVE 指示灯会不亮。值得注意的是，新安插的板卡，在未进行任何配置的情况下，板卡上的端口处于 Shutdown 的状态，因此 ACTIVE 的指示灯将处于熄灭状态，除非对端口进行了配置。为了检测板卡是否正常，可以在板卡加电的情况下观察其数字信号指示灯的状态，如果板卡安插正确，则指示灯会亮起
RX FRAME	绿色	端口接收到了数据包
RX FRAME	不亮	端口未接收到数据包

故障处理步骤：使故障线路所连接的端口处于 Shutdown 状态，更换线缆，然后打开端口；处理完成观察端口状态指示灯，结合 "display interface" 命令检查端口信息，看其是否工作正常；通过 Ping 命令检查其互联端口连通性和网络系统连通性。

2. 引擎故障检查

当网络设备主引擎出现故障时，系统将自动切换到备份引擎工作，此切换不会影响系统运行。

（1）故障诊断和状态信息收集　观察引擎工作状态指示灯，查看其是否异常，通常故障时显示为红色。Supervisor 引擎指示灯说明见表 4-5。

表 4-5 查看引擎状态指示灯信息

指示灯	颜色	描述
STATUS	绿色	诊断程序全部通过，引擎工作正常（正常启动过程）
	橙色	引擎正在启动或自检（正常启动过程时），或某处温度超标（温度传感器检测值超过正常值）
	红色	诊断程序未通过，引擎工作不正常，启动过程出错或关键温度指标超标
SYSTEM	绿色	机箱各个环境指标正常
	橙色	检测到非致命硬件错误
	红色	检测到严重硬件错误
ACTIVE	绿色	引擎工作正常，此引擎是主引擎
	橙色	引擎工作正常，此引擎是备用引擎
PWR MGMT	橙色	正在启动，运行自检
	绿色	电源管理工作正常，对所有模块都提供足够电力供应
	橙色	电源管理由小问题，不能对所有模块都提供足够电力供应
	红色	出现严重故障

分别以 console 方式登录主、备引擎，通过 "display switchover state" 命令查看引擎状态是否异常。

通过 "display switchover state" 命令查看更替后的新引擎工作状态是否正常，备用引擎上线后非 Slave 状态即为异常。

(2) 电源故障　新型网络结构全部设计为双机冗余，一旦发生电源故障，立即由主电源切换至备份电源，不影响业务的运行。

注意：需要将同一台设备的两路电源连接到不同的供电系统，以防供电中断导致全部系统中断。

故障诊断和状态信息收集：

1) 观察电源工作状态指示灯，查看状态是否异常。

2) 查看电源是否松动，未插紧。

3) 通过命令方式（display power）校验其状态。非 Normal 状态即为异常。

4) 考虑更换电源硬件。

(3) 整机故障　网络结构全部设计为双机冗余，一旦发生设备整机故障，立即由设备切换至备份设备，不影响业务的运行。

按照新线安全设备应急备份策略原则，该区域的故障设备用一台正常的设备替换，并且把所有配置导入备机并存放在内存中。当发生整机故障时，把发生故障设备的配置导出即可，如果故障导致无法登录安全设备，则使用备机的配置文件进行简单修改即可，然后替换故障设备，即可恢复生产和原有拓扑结构。

故障诊断和状态信息收集：

1) 观察设备引擎、板卡、电源状态指示灯，判断其是否正常。红色或灯灭即为异常。

2）通过命令方式（display device、display environment）查看设备工作状态是否正常。非 Normal 状态均为异常。

验证：

1）通过命令方式（display device、display environment）查看设备工作状态是否正常。

2）通过 "display ip int brief" 命令查看备份端口状态是否正常，包括物理层及链路层是否均为 Up 状态。

3）通过 Ping 命令测试网络的连通性。

3. 设备日常维护指导

设备日常维护指导见表 4-6。

表 4-6 设备日常维护指导

维护类别	维护项目	操作指导	参考标准
设备运行环境	电源	查看电源监控系统或测试电源输出电压	电压输出正常，无异常告警
	温度	测试温度	工作环境温度：0~45℃ 贮存环境温度：-40~+70℃
	湿度	测试湿度	工作环境湿度：10%~90%（无冷凝） 贮存环境湿度：5%~95%（无冷凝）
	其他状况（火警、烟尘）	查看消防控制系统告警状态	消防控制系统无告警，若无条件，则以肉眼判断为准
设备运行状态	电源指示灯状态	查看电源指示灯状态	电源指示灯显示正常
	系统指示灯状态	查看系统指示灯状态	系统指示灯显示正常
	CF 指示灯状态	查看 CF 指示灯状态	CF 指示灯显示正常
设备运行状态	电源线连接情况	检查电源线连接是否安全可靠	• 各连接处安全、可靠 • 线缆无腐蚀、无老化
	线缆连接情况	检查线缆连接是否安全可靠	• 各连接处安全、可靠 • 线缆无腐蚀、无老化
	其他线缆连接情况	检查其他线缆连接是否安全可靠	• 各连接处安全、可靠 • 线缆无腐蚀、无老化
设备配置检查	系统登录	检查是否可以登录设备	系统可正常通过 Telnet、Console 等方式登录
	系统时间及运行状态信息	检查系统时间及运行状态	系统时间设定正常，运行状态信息显示正常

(续)

维护类别	维护项目	操作指导	参考标准
设备配置检查	业务配置管理信息	检查系统业务配置管理信息	系统各功能项配置正常，符合网络规划设计要求
	系统日志信息	检查系统日志信息	日志中无异常告警记录

上面是对项目实施过程中的常见错误进行的总结，同时对硬件的检查和维护也做了相应的总结，以供用户在后续工程实施中借鉴。

4. IRF 技术

（1）IRF 简介　在本次案例中，在汇聚层使用 VRRP 技术来实现网络的可靠性技术。在一些可靠性要求比较高的网络当中，还会用到另外一种可靠性技术 IRF（Intelligent Resilient Framework，智能弹性架构），它是 H3C 公司融合高端交换机的技术，是在中低端交换机上推出的创新性建设网络核心的新技术。它将帮助用户设计和实施高可用性、高可扩展性和高可靠性的千兆以太网核心和汇聚主干。

虚拟化技术是当前企业 IT 技术领域的关注焦点，采用虚拟化来优化 IT 架构、提升 IT 系统运行效率是当前技术发展的方向。

对于服务器或应用的虚拟化架构，IT 行业相对比较常见：一方面，在服务器上采用虚拟化软件运行多台虚拟机（Virtual Machine，VM），以提升物理资源利用效率，可视为 1:N 的虚拟化；另一方面，将多台物理服务器整合起来，对外提供更为强大的处理性能（如负载均衡集群），可视为 N:1 的虚拟化。

对于基础网络来说，虚拟化技术也有相同的体现：在一套物理网络上采用 VPN 或 VRF 技术划分出多个相互隔离的逻辑网络，是 1:N 的虚拟化；将多个物理网络设备整合成一台逻辑设备，简化网络架构，是 N:1 虚拟化。H3C 虚拟化技术 IRF 属于 N:1 整合型虚拟化技术范畴。

目前，网络中主要存在两种形态的通信设备：盒式设备和框式分布式设备。其各自的特点如下：

1）盒式设备成本低廉，但是没有高可用性支持，缺乏不中断的业务保护，无法应用于重要的场合（如核心层、汇聚层、生产网络、数据中心等）。在复杂的组网环境中，盒式设备扩展性差的缺点表现得非常明显——用户不得不维护更多的网络设备，并且为了增加这些设备还不得不修改早期的组网结构。

2）框式分布式设备具有高可用性、高性能、高端口密度等优点，因此经常被应用于一些重要场合（如核心层、汇聚层、生产网络、数据中心等）。但与盒式交换机相比，它也有一些缺点，比如首次投入成本高、单端口成本高等。

针对盒式设备与框式分布式设备的这些特点，一种结合了两种设备优点的虚拟化技术 IRF 应运而生。IRF 就是将多台设备通过 IRF 端口连接起来形成一台虚拟的逻辑设备，用户通过对这台虚拟设备进行管理，来实现对虚拟设备中的所有物理设备的管理。这种虚拟设备既具有盒式设备的低成本优点，又具有框式分布式设备的扩展性以及高可靠性优点。

（2）IRF 的特点　IRF 具有以下几个特点：

1）简化管理。IRF 架构形成之后，只要连接到任何一台设备的任何一个端口，就可以登录统一的逻辑设备，通过对单台设备的配置达到管理整个智能弹性系统以及系统内所有成员设备的效果，而不用物理连接到每台成员设备上分别对它们进行配置和管理。

2）简化业务。IRF 形成的逻辑设备中运行的各种控制协议也是作为单一设备统一运行的，例如路由协议会作为单一设备统一计算，而随着跨设备链路聚合技术的应用，可以替代原有的生成树协议，这样就可以省去设备间大量协议报文的交互，简化了网络运行，缩短了网络动荡时的收敛时间。

3）弹性扩展。可以按照用户需求实现弹性扩展，保护用户投资，并且在新增的设备加入或离开 IRF 时可以实现"热插拔"，不影响其他设备的正常运行。

4）高可靠性。IRF 的高可靠性体现在链路、设备和协议三个方面。成员设备之间的物理端口支持聚合功能，IRF 系统和上、下层设备之间的物理连接也支持聚合功能，这样通过多链路备份提高了链路的可靠性；IRF 系统由多台成员设备组成，一旦主路由器设备故障，系统会迅速自动选举新的主路由器，以保证通过系统的业务不中断，从而实现了设备级的 1:N 备份；IRF 系统具有实时的协议热备份功能，负责将协议的配置信息备份到其他所有成员设备，从而实现 1:N 的协议可靠性。

5）高性能。对于高端交换机来说，性能和端口密度的提升会受到硬件结构的限制。而 IRF 系统的性能和端口密度是 IRF 内部所有设备性能和端口数量的总和。因此，IRF 技术能够轻而易举地将设备的交换能力、用户端口的密度扩大数倍，从而大幅度提高了设备的性能。

IRF 的基本运行原理如图 4-9 所示。

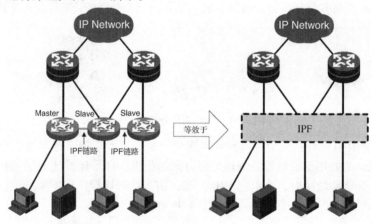

图 4-9　IRF 的基本运行原理

IRF 中的每台设备都称为成员设备。成员设备按照功能不同分为两种角色：

1）Master 负责管理整个 IRF。

2）Slave 作为 Master 的备份设备运行。当 Master 故障时，系统会自动从 Slave 中选举一个新的 Master 接替原 Master 工作。

Master 和 Slave 均由角色选举产生。一个 IRF 中同时只能存在一台 Master，其他成员设备都是 Slave。

IRF 端口是一种专用于 IRF 的逻辑端口，分为 IRF-Port1 和 IRF-Port2，需要和 IRF 物理端口绑定之后才能生效。IRF 物理端口是设备上可以用于 IRF 连接的端口，可以是 IRF 专用端口、以太网端口或者光口（设备上哪些端口可用作 IRF 物理端口与设备的型号有关，请以设备的实际情况为准）。通常情况下，以太网端口和光口负责向网络中转发业务报文，当它们与 IRF 端口绑定后就作为 IRF 物理端口，用于成员设备之间转发报文。可转发的报文包括 IRF 相关协商报文以及需要跨成员设备转发的业务报文。

IRF 的成员优先级是成员设备的一个属性，主要用于在角色选举过程中确定成员设备的角色。优先级越高，则当选为 Master 的可能性越大。设备的默认优先级均为 1，如果想让某台设备当选为 Master，则在组建 IRF 前，需要通过命令行手工提高该设备的成员优先级。

（3）IRF 的形成　多台设备要形成一个 IRF，需要先将成员设备的 IRF 物理端口进行物理连接。设备支持的 IRF 物理端口的类型不同，则所使用的连接介质也不同：

1）如果使用 IRF 专用端口作为 IRF 物理端口，则需要使用 IRF 专用线缆连接 IRF 物理端口。专用线能够为成员设备间报文的传输提供很高的可靠性和性能保障。

2）如果使用以太网端口作为 IRF 物理端口，则使用交叉网线连接 IRF 物理端口即可。这种连接方式提高了现有资源的利用率（以太网端口没有与 IRF 端口绑定时用于上下层设备间业务报文转发，与 IRF 端口绑定后专用于成员设备间报文转发，这种绑定关系可以通过命令行配置），有利于节约成本（不需要购置 IRF 专用端口卡或者光模块等）。

3）如果使用光口作为 IRF 物理端口，则使用光纤连接 IRF 物理端口。这种连接方式可以将距离很远的物理设备连接组成 IRF，使得应用更加灵活。

本设备上与 IRF-Port1 绑定的 IRF 物理端口只能和邻居成员设备 IRF-Port2 口上绑定的 IRF 物理端口相连，本设备上与 IRF-Port2 口绑定的 IRF 物理端口只能和邻居成员设备 IRF-Port1 口上绑定的 IRF 物理端口相连，如图 4-10 所示，否则，不能形成 IRF。一个 IRF 端口可以跟一个 IRF 物理端口绑定，也可以跟多个 IRF 物理端口绑定，以提高 IRF 链路的带宽以及可靠性。

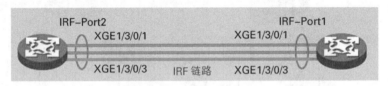

图 4-10　IRF 物理连接示意图

IRF 的连接拓扑有两种：链形连接和环形连接。相比环形连接，链形连接对成员设备的物理位置要求更低，主要用于成员设备物理位置分散的组网。环形连接比链形连接更可靠，因为当链形连接中出现链路故障时，会引起 IRF 分裂；而当环形连接中出现某条链路故障时，会形成链形连接，IRF 的业务不会受到影响，如图 4-11 所示。

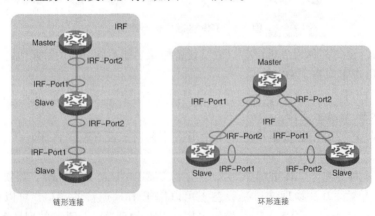

图 4-11　IRF 连接拓扑

IRF 中的每台设备都通过 IRF 端口和自己直接相邻的其他成员设备交互 IRF Hello 报文，

用以收集整个 IRF 的拓扑关系。IRF Hello 报文会携带拓扑信息，包括 IRF 端口连接关系、成员设备编号、成员设备优先级、成员设备的成员桥 MAC 等内容。每个成员设备都在本地记录自己已知的拓扑信息。初始时刻，成员设备只记录了自身的拓扑信息，当 IRF 端口状态变为 Up 后，成员设备会将已知的拓扑信息周期性地从 Up 状态的 IRF 端口发送出去。成员设备收到直接邻居的拓扑信息后，会更新本地记录的拓扑信息。经过一段时间的收集，所有设备上都会收集到完整的拓扑信息（称为拓扑收敛），此时会进入角色选举阶段。

IRF 系统由多台成员设备组成，每台成员设备具有一个确定的角色，即 Master 或者 Slave。确定成员设备角色的过程就称为角色选举。

角色选举会在拓扑变更的情况下产生，比如 IRF 建立、新设备加入、IRF 分裂或者两个 IRF 系统合并。角色选举的规则如下：

1）当前 Master 优于非 Master 成员。
2）当成员设备均是框式分布式设备时，本地主用主控板优于本地备用主控板。
3）当成员设备均是框式分布式设备时，原 Master 的备用主控板优于非 Master 成员上的主控板。
4）成员优先级大的优先。
5）系统运行时间长的优先（各设备的系统运行时间信息也是通过 IRF Hello 报文来传递的）。
6）成员桥 MAC 小的优先。

从第一条开始判断，如果判断的结果是多个最优，则继续判断下一条，直到找到唯一最优的成员设备才停止选举。此最优成员设备即为 Master，其他成员设备则均为 Slave。

在角色选举完成后，IRF 形成，进入 IRF 管理与维护阶段。

盒式设备虚拟化形成的 IRF 相当于一台框式分布式设备，Master 相当于 IRF 的主用主控板，Slave 设备相当于备用主控板（同时担任端口板的角色），如图 4-12 所示。

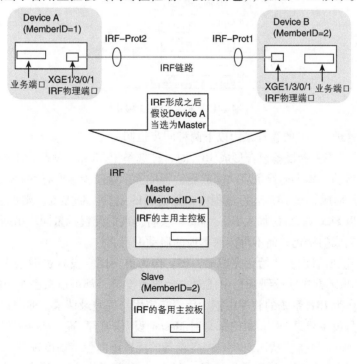

图 4-12　盒式设备虚拟化

框式分布式设备虚拟化形成的 IRF 也相当于一台框式分布式设备，只是该虚拟的框式分布式设备拥有更多的备用主控板和端口板。Master 的主用主控板相当于 IRF 的主用主控板，Master 的备用主控板以及 Slave 的主用、备用主控板均相当于 IRF 的备用主控板（同时担任端口板的角色），如图 4-13 所示。

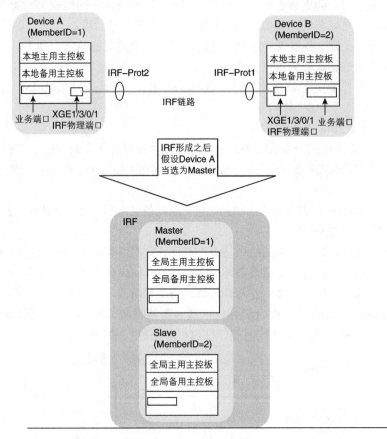

图 4-13 框式设备虚拟化

（4）IRF 的管理　IRF 的管理采用以下两种同步机制：

1）批量同步。当多台设备组合形成 IRF 时，先选举出 Master 设备。Master 设备使用自己的启动配置文件启动。Master 设备启动完成后，将配置批量同步给所有 Slave 设备，Slave 设备完成初始化，IRF 形成；在 IRF 运行过程中，如有新的成员设备加入，则也会进行批量同步。新设备在重启后以 Slave 的身份加入 IRF，Mater 会将当前的配置批量同步给新设备。新设备以同步过来的配置完成初始化，而不再读取本地的启动配置文件。

2）实时同步。所有设备初始化完成后，IRF 作为单一网络设备在网络中运行。用户使用 Console 口或者 Telnet 方式登录到 IRF 中任意一台成员设备，都可以对整个 IRF 进行管理和配置。Master 设备作为 IRF 系统的管理中枢，负责响应用户的登录请求，即用户无论使用什么方式，通过哪台成员设备登录 IRF，最终都是对 Master 设备进行配置。Master 设备负责将用户的配置同步给各个 Slave 设备，从而使 IRF 内各设备的配置随时保持高度统一。

在运行过程中，IRF 系统使用成员编号（Member ID）来标识和管理成员设备。例如 IRF

中端口的编号会加入成员编号信息：对于盒式设备单机运行时，端口编号第一维参数的值通常为1，加入 IRF 后，端口编号第一维参数的值会变成成员编号的值；对于框式设备单机运行时，端口编号采用三维格式（如 GE3/0/1），加入 IRF 后，端口编号变成四维格式，第一维表示成员编号（如 GE2/3/0/1）。此外，成员编号还被引入文件系统管理中。所以，在 IRF 中必须保证所有设备成员编号的唯一性。如果建立 IRF 时成员设备的编号不唯一（即存在编号相同的成员设备），则不能建立 IRF；如果新设备加入 IRF，但是该设备与已有成员设备的编号冲突，则该设备不能加入 IRF。请在建立 IRF 前，统一规划各成员设备的编号，并逐一进行手工配置，以保证各设备成员编号的唯一性。

（5）IRF 的维护　IRF 维护的主要功能是监控成员设备的加入和离开，并随时收集新的拓扑，维护现有拓扑。

1）成员设备加入 IRF 组时的处理情况。IRF 维护过程中，继续进行拓扑收集工作，当发现有新的成员设备加入时，会根据新加入设备的状态采取不同的处理：

①新加入的设备本身未形成 IRF（例如，新加入的设备配置了 IRF 功能，之后断电，再使用 IRF 电缆连接到已有的 IRF 系统，上电重启），则该设备会被选为 Slave。

②新加入的设备本身已经形成了 IRF（例如，新加入的设备配置了 IRF 功能，已经作为 IRF 系统运行，之后使用 IRF 电缆连接到已有的 IRF 系统），此时相当于两个 IRF 合并（Merge）（注意：通常情况下，不建议使用这种方式形成 IRF）。在这种情况下，两个 IRF 会进行竞选，竞选仍然遵循角色选举的规则，竞选失败方重启后，所有成员设备均以 Slave 的角色重新加入 IRF。

如果成员设备加入成功，对 IRF 系统来说，相当于增加一个备用主控板以及此板上的端口等物理资源。

成员设备加入的可能原因有：人为增加 IRF 系统中的成员；故障恢复，当设备故障或链路故障恢复时，恢复的设备会重新加入 IRF。

2）成员设备离开 IRF 组时的处理情况。IRF 通过以下两种方式能够准确、快速地判断是否有成员设备离开，是否需要更新拓扑：

①对于邻居设备直连的情况，成员设备 A 离开或者 IRF 链路断掉，其直连邻居设备 B 能迅速感知设备 A 的离开（不用等到 IRF Hello 报文超时），会立即将"成员设备 A 离开"的信息广播通知给 IRF 中的其他设备。

②对于邻居设备非直连的情况（即两个成员设备中间跨接了其他设备，该设备不属于 IRF），成员设备 A 离开或者 IRF 链路断掉，其邻居设备 B 不能迅速感知设备 A 的离开，但邻居设备 B 能够通过 IRF Hello 报文超时机制发觉设备 A 的离开，并将"成员设备 A 离开"的信息广播通知给 IRF 中的其他设备。获取到离开消息的成员设备会根据本地维护的 IRF 拓扑信息表来判断离开的是 Master 还是 Slave，如果离开的是 Master，则触发新的角色选举，再更新本地的 IRF 拓扑；如果离开的是 Slave，则直接更新本地的 IRF 拓扑，以保证 IRF 拓扑能迅速收敛。

成员设备离开 IRF 组的可能原因有：人为改变拓扑，取走成员设备；成员设备故障；链接故障。

3）拓扑更新。单纯的拓扑变化是指设备的拓扑由环形链接变为链形链接或者由链形链接变为环形链接。例如对于环形链接的设备，当链路发生故障时可能变为链形链接；在增加设备时，对于原有的环形链接，需要先将原有的环形链接变为链形链接，才能接入新的设备。

对于单纯的拓扑变化，IRF 的成员构成以及 Master 均不会发生变化，仅仅会在必要时自动改变转发的路径，不会影响设备的正常使用。

4）成员设备软件自动升级。IRF 具有自动加载功能。在进行 IRF 扩展增加新成员设备时，并不需要新加入的成员设备与原有虚拟设备具有相同的软件版本，只要具有兼容的版本即可。新设备加入 IRF 时，会与 Master 设备的软件版本号进行比较，如果不一致，则自动从 Master 设备下载系统启动文件，然后使用新的启动文件重启，重新加入 IRF；如果产品不支持该功能，则需要用户手工配置确保新加入的成员设备与原有虚拟设备版本一致后，新设备才能加入 IRF。

因为 IRF 设备通常用于接入层、汇聚层和数据中心，所以对可靠性要求很高。为了尽量缩短因日常维护操作和突发的系统崩溃所导致的停机事件，以提高 IRF 系统和应用的可靠性，IRF 采用了 1:N 备份冗余、协议的热备份、上/下行链路的冗余备份、IRF 端口的冗余备份等一系列的冗余备份技术来保证 IRF 系统的高可靠性。

1）1:N 冗余。普通框式分布式设备采用的是 1:1 冗余，即框式分布式设备配备了两块主控板，其中主用主控板负责处理业务，备用主控板仅作为主用主控板的备份，随时与主用主控板保持同步，当主用主控板异常时，立即取代其成为新的主用主控板继续工作。而 IRF 中采用的是 1:N 冗余，即 Master 负责处理业务，Slave 作为 Master 的备份，随时与 Master 保持同步。当 Master 工作异常时，IRF 将选择其中一台 Slave 成为新的 Master，由于在 IRF 系统运行过程中进行了严格的配置同步和数据同步，因此新 Master 能接替原 Master 继续管理和运营 IRF 系统，不会对原有网络功能和业务造成影响；同时，由于有多个 Slave 设备存在，因此可以进一步提高系统的可靠性。对于框式分布式设备的虚拟化，IRF 并没有因为 IRF 技术具有备份功能而放弃每个框式分布式成员设备本身的主用主控板和备用主控板的冗余保护，而是将各个成员设备的主用主控板和备用主控板作为主控板资源统一管理，进一步提高了系统可靠性。

2）协议的热备份。在 1:N 冗余环境下，协议的热备份负责将协议的配置信息以及支撑协议运行的数据（比如状态机或者会话表项等）备份到其他所有成员设备，从而使得 IRF 系统能够作为一台独立的设备在网络中运行。

以路由协议为例，如图 4-14 所示，IRF 设备左侧网络使用的是 RIP（Routing Information Protocol，路由信息协议），右侧网络使用的是 OSPF（Open Shortest Path First，开放式最短路径优先）路由协议。当 Master 收到邻居路由器发送过来的 Update 报文时，一方面它会更新本地的路由表，另一方面它会立即将更新的路由表项以及协议状态信息发给其他所有成员设备；其他成员设备收到后会立即更新本地的路由表及协议状态，以保证 IRF 系统中各个物理设备上路由相关信息的严格同步。当 Slave 收到邻居路由器发送过来的 Update 报文时，Slave 设备会将该报文交给 Master 处理。

当 Master 出现故障时，新选举的 Master 可以无缝地接手旧 Master 的工作，新的 Master 接收到邻居路由器过来的 OSPF 报文后，会将更新的路由表项以及协议状态信息发给其他所有成员设备，并不会影响 IRF 中 OSPF 协议的运行，如图 4-15 所示。这样就保证了在成员设备出现故障时，其他成员设备可以照常运行并迅速接管故障的物理设备功能，此时，域内路由协议不会随之出现中断，二/三层转发流量和业务也不会出现中断，从而实现了不中断业务的故障保护和设备切换功能。

设备出现故障前的网络如图 4-14 所示。

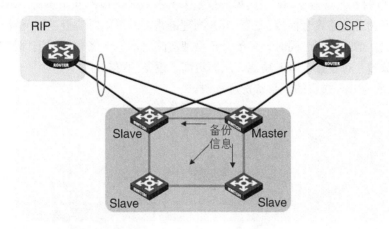

图 4-14 设备出现故障前的网络

在当前环境中,Master 设备会下发配置协议,使得 Slave 设备完成协议同步。
当 Master 出现故障时,马上会选举出一台原 Slave 作为 Master。
设备出现故障后的网络如图 4-15 所示。

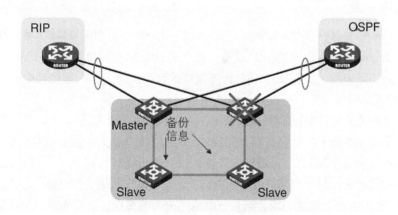

图 4-15 设备出现故障后的网络

3)上/下行链路的冗余备份。IRF 采用分布式聚合技术来实现上/下行链路的冗余备份。传统的聚合技术将一台设备的多个物理以太网端口(被称为成员端口)聚合在一起,只能实现对链路故障的备份,而对于设备的单点故障没有备份机制。IRF 支持的新型分布式聚合技术则可以跨设备配置链路备份,用户可以将不同成员设备上的物理以太网端口配置成一个聚合端口,这样即使某些端口所在的设备出现故障,也不会导致聚合链路完全失效,其他正常工作的成员设备会继续管理和维护剩下的聚合端口。这对于核心交换系统和要求高质量服务的网络环境意义重大,它不但进一步消除了聚合设备单点失效的问题,还极大提高全网的可用性。这使得流向网络核心的流量将均匀分布在聚合链路上,当某一条聚合链路失效时,分布式链路聚合技术能够将流量自动重新分布到其余聚合链路,以实现链路的弹性备份和提高网络可靠性。

图 4-16 所示为 IRF 备份示意图。

4）IRF 端口的冗余备份　IRF 采用聚合技术来实现 IRF 端口的冗余备份。IRF 端口的连接可以由多条 IRF 物理链路聚合而成，多条 IRF 物理链路之间可以对流量进行负载分担，这样能够有效提高带宽，增强性能，同时，多条 IRF 物理链路之间互为备份，保证即使其中一条 IRF 物理链路出现故障，也不影响 IRF 功能，从而提高了设备的可靠性。

图 4-17 所示为 IRF 端口的冗余备份示意图。

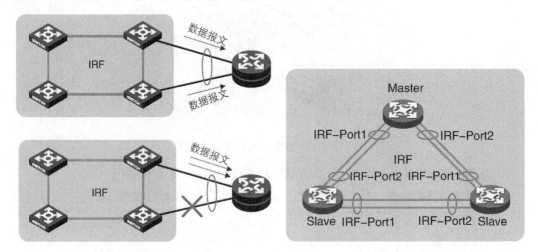

图 4-16　IRF 备份示意图　　　　　图 4-17　IRF 端口的冗余备份示意图

对于由框式分布式设备形成的 IRF 设备，聚合的 IRF 物理端口可以位于同一块端口板上，也可以位于不同的端口板上，即支持 IRF 物理端口的跨板聚合，这样即使其中一块端口板发生故障，也不会影响 IRF 功能。

IRF 采用分布式弹性转发技术实现报文的二/三层转发，最大限度地发挥了每个成员的处理能力。IRF 系统中的每个成员设备都有完整的二/三层转发能力，当它收到待转发的二/三层报文时，可以通过查询本机的二/三层转发表得到报文的出端口（以及下一跳），然后将报文从正确的出端口发送出去。这个出端口可以在本机上，也可以在其他成员设备上，并且将报文从本机送到另外一个成员设备，也就是说，这是一个纯粹内部的实现，对外界是完全屏蔽的，即对于三层报文来说，不管它在 IRF 系统内部穿过了多少成员设备，在跳数上只增加 1，即表现为只经过了一个网络设备，如图 4-18 所示。

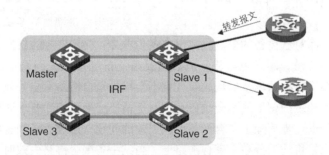

图 4-18　IRF 报文转发（入端口和出端口在同一台成员设备上）

由图 4-18 可知，转发报文的入端口和出端口在同一台成员设备上。如果 Slave 1 收到报文后，查找本地转发表，发现出端口就在本机上，则 Slave 1 直接将报文从这个出端口发送出去。

如果出端口是 IRF 组内的 Master 设备，则 IPF 报文转发过程如图 4-19 所示。

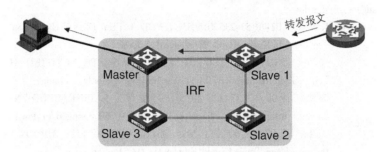

图 4-19　IRF 报文转发（出端口是 IRF 组内的 Master 设备）

由图 4-19 可知，转发报文的入端口和出端口在不同的成员设备上。当 Slave 1 收到报文后，查找本地转发表，发现出端口在 Master 上，则 Slave 1 按照最优路径先将报文转发给 Master，再由 Master 通过出端口将报文转发给最终用户。

（6）IRF 典型配置　下面给出一个 IRF 的典型配置，其拓扑图如图 4-20 所示。

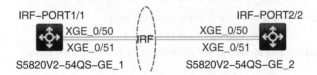

图 4-20　IRF 拓扑结构

由于网络规模迅速扩大，一台中心交换机的转发能力已经不能满足当前需求，因此需要在保护现有投资的基础上提高网络转发能力，并要求网络易管理、易维护。

注意事项：

1）IRF 物理端口必须工作在二层模式下，才能与 IRF 端口进行绑定。
2）与同一个 IRF 端口绑定的多个 IRF 物理端口必须工作在相同模式。
3）IRF 中成员设备间相连的 IRF 物理端口必须配置为同一种工作模式。
4）如果需要在 IRF 设备上使用 MPLS L2VPN 或 VPLS 功能，则必须将 IRF 端口的工作模式配置为 enhanced。

IRF 配置思路如图 4-21 所示。

图 4-21　IRF 配置思路

选择一组 SFP+端口作为 IRF 物理端口（本文以 Ten-GE1/0/50～Ten-GE1/0/51 为例），关闭该组中所有端口，以方便后续配置。本文使用端口批量配置功能来实现端口的统一管理。

[H3C]interface range name irf interface Ten – GigabitEthernet 1/0/50 to Ten – GigabitEthernet 1/0/51
[H3C – if – range – irf]shutdown
[H3C – if – range – irf]%Nov 5 02:40:57:236 2015 H3C IFNET/3/ PHY_UPDOWN: Physical state on the interface
　　　　　　　　Ten – GigabitEthernet1/0/50 changed to down.
　　　　　　　%Nov 5 02:40:57:236 2015 H3C STP/6/ STP_NOTIFIED_TC: Instance 0's port
　　　　　　　　Ten – GigabitEthernet1/0/51 was notified a topology change.
　　　　　　　%Nov 5 02:40:57:238 2015 H3C IFNET/5/ LINK_UPDOWN: Line protocol state
　　　　　　　　on the interface Ten – GigabitEthernet1/0/50 changed to down.
　　　　　　　%Nov 5 02:40:57:271 2015 H3C IFNET/3/ PHY_UPDOWN: Physical state on
　　　　　　　　the interface Ten – GigabitEthernet1/0/51 changed to down.
　　　　　　　%Nov 5 02:40:57:272 2015 H3C IFNET/5/ LINK_UPDOWN: Line protocol state
　　　　　　　　on the interface Ten – GigabitEthernet1/0/51 changed to down.
[H3C – if – range – irf]quit

配置 IRF 端口 1/1，并且将该堆叠口与物理口 Ten-GE1/0/50 和 Ten-GE 1/0/51 绑定。

[H3C – irf – port1/1]port group interface ten
[H3C – irf – port1/1]port group interface Ten – GigabitEthernet 1/0/50
You must perform the following tasks for a successful IRF setup:
Save the configuration after completing IRF configuration.
Execute the "irf – port – configuration active" command to activate the IRF ports.
[H3C – irf – port1/1] port group interface Ten – GigabitEthernet 1/0/51

开启物理端口 Ten-GigabitEthernet 1/0/50 和 Ten-GigabitEthernet 1/0/51 并且保存配置。

[H3C]interface range name irf
[H3C – if – range – irf]
[H3C – if – range – irf]undo shu
[H3C – if – range – irf]undo shutdown
[H3C – if – range – irf]%Nov 5 02:49:41:363 2015 H3C IFNET/3/ PHY_UPDOWN: Physical state on
　　　　　　　　the interface Ten – GigabitEthernet1/0/50 changed to up.
　　　　　　　%Nov 5 02:49:41:365 2015 H3C IFNET/5/ LINK_UPDOWN: Line protocol
　　　　　　　　state on the interface Ten – GigabitEthernet1/0/50 changed to up.
　　　　　　　%Nov 5 02:49:41:365 2015 H3C IFNET/3/ PHY_UPDOWN: Physical state on
　　　　　　　　the interface Ten – GigabitEthernet1/0/51 changed to up.
　　　　　　　%Nov 5 02:49:41:365 2015 H3C IFNET/5/ LINK_UPDOWN: Line protocol
　　　　　　　　state on the interface Ten – GigabitEthernet1/0/51 changed to up.
[H3C – if – range – irf]quit
[H3C]save
The current configuration will be written to the device. Are you sure? [Y/N]:y
Please input the file name(*.cfg)[flash:/startup.cfg]
(To leave the existing filename unchanged, press the enter key):
Validating file. Please wait...
Saved the current configuration to mainboard device successfully.

激活 IRF 端口下的配置。

[H3C]irf – port – configuration active
[H3C]%Nov 5 03:02:59:065 2015 H3C STM/6/ STM_LINK_UP: IRF port 1 came up.

下面配置另外一台设备：

首先，将另一台设备的成员编号配置为2，并重启设备使新编号生效。

[H3C]irf member 1 renumber 2
Renumbering the member ID may result in configuration change or loss. Continue? [Y/N]y
[H3C]quit
<H3C>reboot
Start to check configuration with next startup configuration file, please wait. . . . . DONE！
Current configuration may be lost after the reboot, save current configuration? [Y/N]:y
Please input the file name(* . cfg)[flash:/ startup. cfg]
(To leave the existing filename unchanged, press the enter key):
Validating file. Please wait. . .
Saved the current configuration to mainboard device successfully.
This command will reboot the device. Continue? [Y/N]:y

设备重启后继续配置。注意：上一台设备的编号是1/1，而本台设备要使用2/2。

选择一组SFP+端口作为IRF物理口（以Ten-GE1/0/50～Ten-GE1/0/51为例），关闭该组中所有端口，以方便后续配置。本文使用端口批量配置功能来实现端口的统一管理。

[H3C]interface range name irf interface Ten – GigabitEthernet 2/0/50 to Ten – GigabitEthernet 2/0/51
[H3C – if – range – irf]shutdown
    %Nov 5 03:10:23:461 2015 H3C IFNET/3/PHY_UPDOWN：Physical state on the interface Ten – GigabitEthernet2/0/50 changed to down.
    %Nov 5 03:10:23:461 2015 H3C IFNET/5/LINK_UPDOWN：Line protocol state on the interface Ten – GigabitEthernet2/0/50 changed to down.
[H3C – if – range – irf]%Nov 5 03:10:23:490 2015 H3C IFNET/3/PHY_UPDOWN：Physical state on the interface Ten – GigabitEthernet2/0/51 changed to down.
    %Nov 5 03:10:23:491 2015 H3C IFNET/5/LINK_UPDOWN：Line protocol state on the interface Ten – GigabitEthernet2/0/51 changed to down.

[H3C]irf – port 2/2
[H3C – irf – port2/2]port group interface Ten – GigabitEthernet 2/0/50
You must perform the following tasks for a successful IRF setup：
Save the configuration after completing IRF configuration.
Execute the "irf – port – configuration active" command to activate the IRF ports.
[H3C – irf – port2/2]port group interface Ten – GigabitEthernet 2/0/51

开启端口并保存配置。

[H3C]interface   range name irf
[H3C – if – range – irf]undo shutdown
[H3C – if – range – irf]%Nov 5 03:14:34:444 2015 H3C IFNET/3/PHY_UPDOWN：Physical state on the interface Ten – GigabitEthernet2/0/50 changed to up.
    %Nov 5 03:14:34:444 2015 H3C IFNET/5/LINK_UPDOWN：Line protocol state on the interface Ten – GigabitEthernet2/0/50 changed to up.
    %Nov 5 03:14:34:449 2015 H3C IFNET/3/PHY_UPDOWN：Physical state on the interface Ten – GigabitEthernet2/0/51 changed to up.
    %Nov 5 03:14:34:449 2015 H3C IFNET/5/LINK_UPDOWN：Line protocol

state on the interface Ten-GigabitEthernet2/0/51 changed to up.

[H3C-if-range-irf]quit
[H3C]save
The current configuration will be written to the device. Are you sure? [Y/N]:y
Please input the file name(*.cfg)[flash:/startup.cfg]
(To leave the existing filename unchanged, press the enter key):
flash:/startup.cfg exists, overwrite? [Y/N]:y
Validating file. Please wait...
Saved the current configuration to mainboard device successfully.

激活IRF端口下的配置。

[H3C]irf-port-configuration active

两台设备间将会进行主设备竞选，竞选失败的一方将重启，重启完成后，IRF形成。

第一台设备配置验证如下：

```
<H3C>display irf
MemberID    Role      Priority    CPU-Mac            Description
*+1         Master    1           1e96-2607-0100     ---
  2         Standby   1           1e96-3370-0200     ---
--------------------------------------------------------------
* indicates the device is the master.
+ indicates the device through which the user logs in.
The Bridge MAC of the IRF is: 1e96-2607-0100
Auto upgrade            : yes
Mac persistent          : 6 min
Domain ID               : 0
```

第二台设备配置验证如下：

```
<H3C>display irf
MemberID    Role      Priority    CPU-Mac            Description
 *1         Master    1           1e96-2607-0100     ---
 +2         Standby   1           1e96-3370-0200     ---
--------------------------------------------------------------
* indicates the device is the master.
+ indicates the device through which the user logs in.
The Bridge MAC of the IRF is: 1e96-2607-0100
Auto upgrade            : yes
Mac persistent          : 6 min
Domain ID               : 0
```

以上给出的是两台S58的IRF虚拟化配置。这只是一个简单的案例配置，在实际运用时可能会遇到多台设备，甚至是链形堆叠和环形堆叠，还有横向和纵向以及跨物理位置的堆叠，这些技术都需要读者去系统地学习和掌握。由于篇章有限，这里不再一一举例。

如果在实际工程中遇到相关技术，一定要去设备官网查询相关技术文档。良好的查询文档能力是网络工程师必备的技能。

5. 上网行为监控

在企业当中，为了规范员工的上网行为，以及对企业流量进行监控和分析，网络工程师要进行上网行为管理。目前市面上有很多厂商都在生产上网行为管理设备。在数据流量途经的某台设备上面做镜像技术，这样数据流量就可以通过镜像技术备份到指定的管理设备上，以便管理员进行流量分析。

在实施镜像技术时通常有两种情况：基于端口的镜像和基于流的镜像，我们分别称之为端口镜像和流镜像。

端口镜像通过将指定端口或 CPU 的报文复制到与数据监测设备相连的端口，使用户可以利用数据监测设备分析这些复制过来的报文，以进行网络监控和故障排除。

镜像当中包含一些基本参数，要想深入了解镜像知识点，就必须要先掌握以下几点：

1）什么是镜像源。镜像源是指被监控的对象，该对象可以是端口或单板上的 CPU（又被称为源端口和源 CPU）。经由被监控的对象收发的报文会被备份到与数据监测设备相连的端口，以便管理员对这些报文（称为镜像报文）进行监控和分析。镜像源所在的设备就称为源设备。

2）镜像目的。镜像目的端口是指镜像报文所要到达的目的地，即与数据监测设备相连的那个端口，该目的端口所在的设备就称为镜像目的设备。目的端口会将镜像报文转发给与之相连的数据监测设备。

由于一个目的端口可以同时监控多个镜像源，因此在一些特定的组网环境下，目的端口可能收到同一报文的多份副本。例如，目的端口 1 同时监控同一台设备上的源端口 2 和端口 3 收发的数据包，如果某报文从 3 口进入该设备后又从 2 口发送出去，那么该报文将被复制两次给镜像目的端口（即 1 口）。

3）镜像的方向。镜像的方向有单向和双向，即入方向或者出方向以及出/入双向监控。

①入方向：仅复制镜像源端收到的报文（从端口进入的报文）。

②出方向：仅复制镜像源端发出的报文（从端口发出的报文）。

③出/入双向：对镜像源接收的和发出的都要监控（进入端口和出端口的报文）。

当然，镜像技术还包括镜像组以及反射端口出端口和远程镜像 VLAN 等。这里不再一一解释。

4）实现方式。通常根据镜像源与镜像目的是否存在于同一台设备将其分为本地端口镜像和远程端口镜像两类。

本地端口镜像是指当源设备与数据监测设备直接相连时，源设备可以同时作为目的设备，即由本设备将镜像报文转发至数据检测设备，这种方式实现的端口镜像称为本地端口镜像。对于本地端口镜像，镜像源和镜像目的属于同一台设备上的同一个镜像组（该镜像组称为本地镜像组）。

注意：如果是框式设备，则镜像源和镜像目的可以位于不同的板卡上。

图 4-22 是本地端口镜像示例。当然，对应的还有远程端口镜像。由于篇幅限制，这里就不再对远程镜像进行解释，有兴趣的读者可以查阅相关文档。

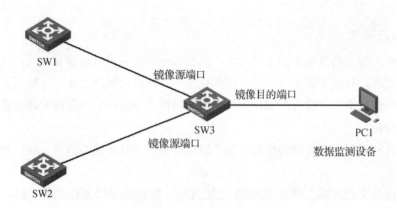

图 4-22　远程镜像示例

本地端口镜像配置示例如图 4-23 所示。

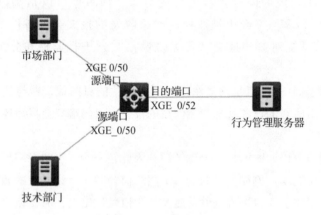

图 4-23　本地镜像配置示例

1）项目需求。中间交换机通过端口 Ten-GigabitEthernet1/0/50 和 Ten-GigabitEthernet1/0/51 分别连接市场部和技术部，并通过端口 Ten-GigabitEthernet1/0/52 连接行为管理服务器。

通过配置源端口方式的本地端口镜像，使服务器可以监控所有进、出市场部和技术部的报文。

2）配置过程如下。

①创建本地镜像组 1。

［H3C］mirroring - group 1 local

②配置本地镜像组 1 的源端口为 Ten-GigabitEthernet1/0/50 和 Ten-GigabitEthernet1/0/51，目的端口为 Ten-GigabitEthernet1/0/52。

［H3C］mirroring - group 1 mirroring - port Ten - GigabitEthernet 1/ 0/ 50 Ten - GigabitEthernet 1/ 0/ 51 both

［H3C］mirroring - group 1 monitor - port Ten - GigabitEthernet 1/ 0/ 52

③在目的端口 Ten-GigabitEthernet 1/0/52 上关闭生成树协议。

［H3C］interface　Ten - GigabitEthernet 1/ 0/ 52

［H3C - Ten - GigabitEthernet1/ 0/ 52］undo stp enable

［H3C – Ten – GigabitEthernet1/ 0/ 52］quit

3）配置验证。

［H3C］display　mirroring – group all
Mirroring group 1：
　　Type：Local
　　Status：Active
　　Mirroring port：
　　　　Ten – GigabitEthernet1/ 0/ 50　　Both
　　　　Ten – GigabitEthernet1/ 0/ 51　　Both
　　Monitor port：Ten – GigabitEthernet1/ 0/ 52

配置生效，直接将该技术应用到方案中即可。但是在应用时注意按照项目需求以及组网需求来进行部署。

本例仅仅介绍了本地端口镜像（源端口）的方式。在技术实现时还有其他很多方法，比如跨物理设备实现二层远程端口镜像技术。

上文提到了基于端口的镜像技术，接着再来看一下流镜像。

流镜像是指将指定报文复制到指定目的地，以便对报文进行分析和监控。流镜像通过 QoS 策略来实现，使用流分类技术为待镜像报文定义匹配条件，再通过配置流行为将符合条件的报文镜像至指定目的地。其优势在于用户通过流分类技术可以灵活地配置匹配条件，从而对报文进行精细区分，并将区分后的报文复制到目的地进行分析。

根据报文镜像的目的地不同，流行为可分为以下情况：

1）流镜像到端口。将符合条件的报文备份到指定端口（与数据检测设备相连的端口），然后利用数据检测设备分析端口收到的报文。

2）流镜像到 CPU。将符合条件的报文备份到 CPU（这里的 CPU 是指配置了流镜像的单板上的 CPU），然后通过 CPU 分析报文的内容，或者将特定的协议报文上传。

流镜像也分为本地流镜像和远程流镜像。远程流镜像技术通过流镜像与远程端口镜像功能的配合，可以将本地符合流分类条件的报文通过远程镜像组镜像至远端设备上的指定目的端口。

远程流镜像的实现方法如下：首先，在本地设备配置流镜像功能，将符合条件的报文通过远程镜像复制到某个出端口；其次，配置远程源镜像组，并将出端口指定为流镜像中的目的端口，从而可以使流镜像至该目的端口的报文接着通过远程镜像功能镜像至远端设备。

远程流镜像配置示例如图 4-24 所示。

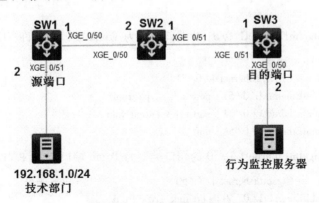

图 4-24　远程流镜像配置示例

1) 项目需求。SWA 的 Ten-GigabitEthernet1/0/51 端口下连接有 192.168.1.0/24 网段的技术部；SWC 的 Ten-GigabitEthernet1/0/50 端口连接了行为监控服务器；SWA 通过 SWB 连接至 SWC。要求配置远程流镜像功能，将通 SWA 的 Ten-GigabitEthernet1/0/51 端口接收到的来自 192.168.1.0/24 网段的报文通过镜像技术复制到行为监控服务器。

2) 配置过程。

①配置基本 IPv4 ACL 2000（基本 ACL 即可），匹配源 IP 地址为 192.168.1.0/24 网段的报文。

[SWA]acl basic 2000
[SWA – acl – ipv4 – basic – 2000]rule 1 permit source 192.168.1.0 0.0.0.255
[SWA – acl – ipv4 – basic – 2000]quit

②配置流分类规则，使用基本 IPv4 ACL 2000 进行流分类。

[SWA]traffic classifier 1
[SWA – classifier – 1]if – match acl 2000
[SWA – classifier – 1]quit

③创建远程源镜像组 1。

[SWA] mirroring – group 1 remote – source

④创建 VLAN 2。

[SWA] vlan 2
[SWA – vlan2] quit

⑤为远程源镜像组配置远程镜像 VLAN 为 2，SWA 上的出端口为 Ten-GigabitEthernet1/0/50。

[SWA] mirroring – group 1 remote – probe vlan 2
[SWA] mirroring – group 1 mirroring – port Ten – GigabitEthernet 1/0/48 inbound
[SWA] mirroring – group 1 monitor – egress Ten – GigabitEthernet 1/0/50

⑥配置端口 Ten-GigabitEthernet1/0/50 的端口类型为 Trunk 端口，允许 VLAN 2 的报文通过。

[SWA] interface Ten – GigabitEthernet 1/0/50
[SWA – Ten – GigabitEthernet1/0/20] port link – type trunk
[SWA – Ten – GigabitEthernet1/0/50] port trunk permit vlan 2

⑦配置 SWB。

配置端口 Ten-GigabitEthernet1/0/51 的端口类型为 Trunk 端口，允许 VLAN 2 的报文通过。

<SWB> system – view
[SWB] interface Ten – GigabitEthernet 1/0/51
[SWB – Ten – GigabitEthernet1/0/51] port link – type trunk
[SWB – Ten – GigabitEthernet1/0/51] port trunk permit vlan 2
[SWB – Ten – GigabitEthernet1/0/51] quit

配置端口 Ten-GigabitEthernet1/0/50 的端口类型为 Trunk 端口，允许 VLAN 2 的报文通过。

[SWB] interface Ten – GigabitEthernet 1/0/50
[SWB – Ten – GigabitEthernet1/0/50] port link – type trunk
[SWB – Ten – GigabitEthernet1/0/50] port trunk permit vlan 2

⑧配置 SWC。

配置端口 Ten-GigabitEthernet1/0/51 的端口类型为 Trunk 端口，允许 VLAN 2 的报文通过。

<SWC> system-view
[SWC] interface Ten-GigabitEthernet 1/0/51
[SWC-Ten-GigabitEthernet1/0/51] port link-type trunk
[SWC-Ten-GigabitEthernet1/0/51] port trunk permit vlan 2
[SWC-Ten-GigabitEthernet1/0/51] quit

创建远程目的镜像组。

[SWC] mirroring-group 1 remote-destination

创建 VLAN 2。

[SWC] vlan 2
[SWC-vlan2] quit

为远程目的镜像组配置远程镜像 VLAN 和目的端口。

[SWC] mirroring-group 1 remote-probe vlan 2
[SWC] mirroring-group 1 monitor-port Ten-GigabitEthernet 1/0/50
[SWC] interface Ten-GigabitEthernet 1/0/50
[SWC-Ten-GigabitEthernet1/0/50] port access vlan 2

配置完成后，用户就可以服务器上监控来自 192.168.1.0/24 网段的报文。

第 5 章　综合型企业网项目案例分析

5.1　综合型企业网的搭建与实施

5.1.1　项目建设背景

本项目为某公司在利用原有网络设备资源的基础上进行网络改造设计。利用简洁的网络结构，搭建可靠、安全、高性能的综合性企业网，旨在提供高带宽、多服务、开放式、多业务接入的 IP 局域网网络，为客户与分支机构以及未来其他业务提供优质的网络平台。

5.1.2　需求与分析

1. 项目建设需求

本项目的建设需求如下：

1) 根据网络拓扑合理规划网络的互联地址、业务地址、管理地址及办公网段地址。
2) 全网不允许采用 Telnet 方式管理设备，而采用安全性更高的 SSH 进行远程连接。
3) L2-1 交换机下连接生产业务 VLAN 30，要求生产业务的上行链路出现故障时能够实现快速切换，不采用 STP，通过 Smart Link 技术来实现，其中连接 L3-2 的端口为主用端口。
4) 生产区分为 A 和 B 两个生产组。为了区分这两个生产组的流量，用户要求生产组 A 主走 L3-1，备走 L3-2；生产组 B 主走 L3-2，备走 L3-1。
5) 由于办公区域分为两个 VLAN——VLAN 10 和 VLAN 20，通过与用户的沟通，决定该区域使用 MSTP 防止二层环路问题。同时为了保证网络的安全性，建议开启生成树相关的保护机制。
6) 将 L3-1 和 L3-2 作为办公和生产业务的网关，通过 VRRP 合理规划网关的备份。
7) L3-1 和 L3-2 之间链路使用率较高，对可靠性要求严格。因此决定将 L3-1 和 L3-2 通过四条以太网线、千兆以太网电口进行互联。使用以太网链路聚合技术可实现 L3-1 和 L3-2 之间链路的高可靠性。
8) 全网选择 IGP 的 OSPF 路由协议，合理规划 OSPF 区域。服务器区、业务区访问 Internet 的连接区域称为外联区。将服务器区、业务区放到 OSPF 进程 100 中，外联区放到 OSPF 200 中。
9) OSPF 进程 100 和 OSPF 进程 200 之间在相互引入的过程中通过设置相关属性，避免网络出现环路。

10）办公业务访问办公服务器时，主走线路 RT1—RT3，其次走 RT1—RT5—RT3，反之亦然；生产业务访问生产服务器时，主走线路 RT2—RT4，其次走 RT1—RT3，再次走 RT1—RT5—RT3，反之亦然；业务区和服务器区分别通过 RT1、RT3 与 RT5 相连接入 Internet，业务区访问 Internet 时，流量不允许通过服务器区设备，反之亦然。

11）在该网络项目中，用户提出只允许业务区办公网段访问 Internet。

12）RT1 与 RT5 之间使用两条串口线缆承载业务区访问 Internet 的数据流量。两条串口线缆做 PPP MP 组捆绑，且 RT1 与 RT5 之间配置 PPP CHAP 双向验证。

13）在该项目中，用户提出与分支机构之间通过在 Internet 上建立 IPsec VPN，实现分支机构访问总部的服务器区网络。

14）为了防止因业务流量过大而造成大量丢包现象，要求在 RT1 和 RT3 互连线路端口进行出端口限速 8Mbit/s 处理。由于生产业务实时性要求较高，要求对生产业务流进行 2Mbit/s 的带宽保障。

15）配置 NTP（网络时间协议），使网络内所有设备的时钟保持一致，从而使设备能够提供基于统一时间的多种应用。

16）在该网络项目中，用户要求使用 SNMPv3 管理设备 L3-1 和 L3-2，并尽量保障安全性。

2．项目实施流程

项目实施流程包括前期准备、项目实施及工程验收三个阶段。

（1）前期准备　该阶段又可分为召开工程协调会、制订项目计划和制定项目实施方案三个阶段。

1）召开工程协调会，由项目经理确定项目组成员，（见表 5-1），并形成会议纪要，如图 5-1 所示。

表 5-1　项目组成员

单　位	姓　名	职　务	电　话	E-mail
企业信息中心工程师				
原厂项目经理				
技术经理				
代理商施工方工程师				

图 5-1 会议纪要

2)制订并了解项目计划,见表 5-2 和表 5-3。

表 5-2 节点、设备信息

节点和设备信息		
	MSR36-20	S5820V2
业务部门		
服务器部门		

表 5-3 联系人信息

节　点	客户联系人	联系电话	地　址

3)制订项目实施方案,如图 5-2 所示。

(2)项目实施　该阶段包括设备到货验收和安装调试两步。

1)设备到货验收。设备到货验收是指收到设备之后需要查看外包装是否完好、是否受潮等。开箱验货时,要在甲方工程师在场的情况下开箱验货,检查设备包装里会有设备装箱单,仔细核对设备件数以及设备编号。一旦出现设备数量不足、货物与装箱单描述不符、设备故障或变形等情况,及时反馈货物损坏情况。验货完成之后,甲乙双方在货物验收单上签字。后期进行设备的安装使用时,乙方应向甲方提交申请。

2)安装调试。设备安装前,负责安装的工程师戴上防静电手腕带来安装设备的模块、板卡、电源,并安装自带的走线架和挂耳。

将设备安装到机柜之前,先确定机柜已经固定好,机柜

图 5-2 项目实施方案

内的交换机安装位置已经布置完毕，安装承重滑道，并确保机柜内部和周围没有影响交换机安装的障碍物，如图 5-3 所示。

汇聚式核心层交换机设备较重，需要两个人从两侧抬起，然后慢慢搬运到机柜前。将交换机抬到比机柜的承重滑道略高的位置，再将交换机放置在滑道上，调整其前后位置。用固定螺钉将机箱挂耳紧固在机柜立柱方孔上，将交换机固定到机柜上，如图 5-4 所示。

对于低端交换机而言，深度小于 300mm（含 300mm）的采用前挂耳安装，深度大于 300mm 的交换机要求安装前挂耳和后挂耳；对于尺寸很大的设备，要求安装托盘或者滑道。

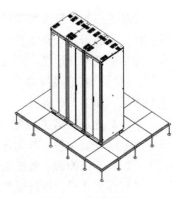

图 5-3 机柜安装

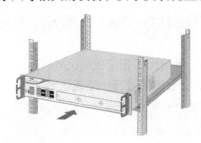 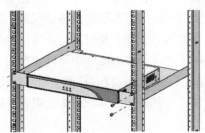

图 5-4 设备安装到机柜

设备遭遇雷击会造成设备损坏，严重时可以击穿多台设备，故设备需要做到良好的接地，因为良好的接地可以在雷电发生时保证设备的正常运行。

设备接地可以采用机柜接地方式、接地地排接地方式和埋设接地体接地方式。

① 机柜接地方式：设备可以通过连接到机柜的接地端子达到接地的目的，此时请确认机柜已良好接地，如图 5-5a 所示。

② 接地地排接地方式：当设备的安装环境中有接地排时，接地线的另一端可以直接连接到接地排上，如图 5-5b 所示。

③ 埋设接地体接地方式：当设备附近有泥地并且允许埋设接地体时，可以采用长度不小于 0.5m 的角钢或钢管，直接打入地下完成接地。此时，设备的黄绿双色保护接地电缆和角钢（或钢管）应采用电焊连接，焊接点应进行防腐处理，如图 5-5c 所示。

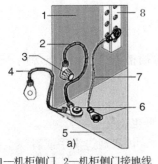 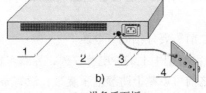 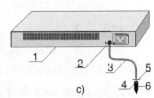

1—机柜侧门 2—机柜侧门接地线
3—侧门接地点 4—门接地线
5—机柜下围框 6—机柜下围框接地点
7—下围框接地线 8—机柜接地条

1—设备后面板
2—设备接地端子
3—接地线
4—机房接地排

1—设备后面板
2—设备接地端子
3—接地线 4—焊接点
5—地面 6—接地体

图 5-5 设备接地方式

设备走线时，要按照项目要求接线，同类信号线分类，分层卡好，排放整齐。需要弯曲走线的地方一定要保证弯曲适度，捆扎合理。为了后期运维方便，使用标签给线缆命名，同时保证标签清晰，粘贴牢固，如图5-6所示。

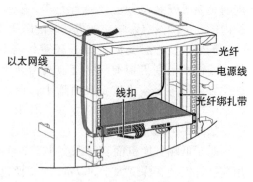

图5-6 设备走线

设备配置是网络工程师搭建网络的核心阶段，设备上电后登录设备，首先查看操作系统版本是否正确，如果不正确请下载正确版本的操作系统；其次是进行许可注册，进行设备配置；最后进行联网调试和调试检查，保存配置信息。（如果是割接项目，在配置之前一定要保存原先设备的配置，在割接过程中一定需要小心论证，可先在模拟器上实验，一旦割接不成功，及时进行业务回退）

下面列举了在项目实施流程中可能出现的问题，并给出了相应的解决方法：

1）设备开箱验货时，没有仔细核对装箱清单，导致安装过程中发现缺少挂耳。

解决方法：挂耳等物件体积较小，很容易随包装材料一起丢掉，可以在验货时统一放到一个箱子里保管。

2）设备上架运行一段时间后，会出现无故重启的情况，经过实地查看发现，设备在机架上罗列在一起，导致设备过热。

解决方法：安装设备的左、右、前、后保证大于10cm的散热空间，如图5-7所示。

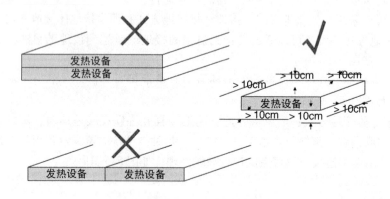

图5-7 正确与错误的设备安装方式

3）设备接通电源时，没有仔细查看设备电源电压和测量电源插槽电压，导致电源电压过高，烧毁设备。

解决方法：设备上电之前需要仔细测量电压。

4）插拔设备单板时，没有把手上的静电释放掉，导致单板被静电击穿。

解决方法：插拔单板之前可以戴上防静电手腕带，没有条件时，可以通过洗手或者摸金属水管等方式释放静电。

（3）工程验收 该阶段需要对工程进行验收，在提前设置的工程质量考核项中对项目一一进行评审。在此期间可以对甲方工程师进行安装和使用方面的培训，尽快让甲方工程师能够上手熟悉设备的运行。试运行结束，把项目现场和技术资料移交给甲方工程师，完成项目，如图 5-8 所示。

工程验收证书

工程名称	网络改造项目	
服务合同号		
一级订单号		
二级订单号		
客户合同号		
客户名称		
设备类型和数量		
工程服务类型	工程实施服务	
工程服务内容	于___年__月__日完成到货验收	☑是 □否
	完成设备硬件安装和软件调试	☑是 □否
	完成系统测试	☑是 □否
	完成产品维护现场讲解和培训	☑是 □否
	完成业务上线/割接	☑是 □否
	工程文档、工程账号和密码已移交客户，并提醒客户修改账号和密码	☑是 □否
	客户在实施前已对工程实施方案进行了确认	☑是 □否
	工程实施进度和人力投入满足客户要求	☑是 □否

工程安装确认单

工程名称		
服务合同号		
一级订单号		
二级订单号		
客户合同号		
客户名称		
设备类型和数量		
工程服务类型	工程实施服务	
工程服务内容	于___年__月__日完成到货验收	☑是 □否
	完成设备硬件安装和软件调试	☑是 □否
	完成系统测试	☑是 □否
	完成产品维护现场讲解和培训	☑是 □否
	完成业务上线/割接	☑是 □否
	工程文档、工程账号和密码已移交客户，并提醒客户修改账号和密码	☑是 □否
	客户在实施前已对工程实施方案进行了确认	☑是 □否
	工程实施进度和人力投入满足客户要求	☑是 □否
完工日期	年　月　日	

图 5-8　项目验收

5.1.3　设备选型

H3C S5820V2 系列交换机是 H3C 公司自主研发的数据中心级以太网交换机产品，作为 H3C 虚拟融合架构（Virtual Converged Framework，VCF）的一部分，通过创新的体系架构大幅简化了数据中心网络结构，在提供高密 10GE/40GE 线速转发端口基础之上，还支持灵活的模块化可编程能力及丰富的数据中心特性。H3C S5820V2 系列交换机定位于下一代数据中心及云计算网络中的高密接入，也可用于企业网、城域网的核心或汇聚，如图 5-9 所示。

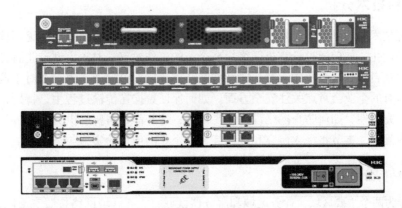

图 5-9　设备选型

MSR36-20 是 H3C 自主研发的新一代多业务路由器，既可作为中小企业的出口路由器，也可以作为政府或企业的分支接入路由器，还可以作为企业网 VPN、NAT、IPSec 等业务网关使用，与 H3C 的其他网络设备一起为政务、电力、金融、税务、公安、铁路、教育等行业用户和大中型企业用户提供全方位的网络解决方案。

该项目网络分为服务器区和业务区。服务器区分为核心层、汇聚层和接入层；业务区分为核心层和接入层。

5.1.4 拓扑结构规划

整个公司有两个区域：业务区域和服务器区域，业务区又分为生产部分和办公网络部分。整个网络需要保证高可靠性和冗余性，以实现网络的可靠运行。同时为了区分不同的数据流，需要实现多路径冗余备份，并且需要实现合理的带宽管理，以保证后期在运维过程中保证现有网络中的大部分设备都可以远程控制管理。本项目的拓扑结构如图 5-10 所示。

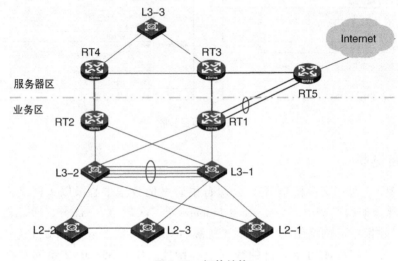

图 5-10 拓扑结构

5.1.5 项目技术分析

随着信息技术的不断发展，对于大型企业而言，每一次发展战略的调整无不伴随着信息化平台的升级和优化。如何通过计算机网络提高企业的工作效率，对于大型企业而言尤为重要。

大型企业在自身发展过程中会有一些特殊的需求，比如电信业、银行业对于网络的稳定性要求很高，而有的企业会重点关注安全方面。如何保证数据在传输过程中，特别是在公网中传递的机密性、完整性，如何防止网络设备遭受攻击，这些都是需要解决的问题。

带着这些问题，本节将深入研究和探讨综合性企业网项目的实施与搭建。

1. 网络结构分析

本项目分为两个主要区域：业务区域和服务器区域。业务区域网络按照三层网络结构考虑，即核心层、汇聚层和接入层。服务器区域网络按照二层网络结构考虑，即核心层和接入层。

核心层的作用是把多个业务控制点连接起来，提供数据的高速转发以及维护整个网络的路由表，提供全网高速 IP 数据出口，实现多业务的承载。核心层应具备业务识别、带宽保证、路由控制等功能，重点考虑可靠性、可扩展性和业务特性。本项目的核心层由 MSR30-20 组成。

汇聚层的作用是业务控制，提供业务的感知、分类和策略执行，主要负责业务的接入控制。在本项目中，汇聚层主要负责 Layer 2 和 Layer 3 在物理设备上的分离；作为客户主机网关的功能，并执行部分局域网安全的功能。本项目的汇聚层主要由 S5500-28C-EI 组成。

接入层的作用是为网络终端提供网络的接入，主要负责业务的安全接入控制，主要分为防

DHCP 攻击、防 ARP 攻击、设备安全接入等。本项目的接入层主要由 S3600 组成。

2. 拓扑节点设计原则

在网络设计中，网络工程师应遵守如下原则：

1）先进性。总体方案设计必须充分参照国际规范和标准，采用国际上成熟的模式、先进的技术和成功的经验。

2）高性能。总体设计要确保系统具有足够的数据传输带宽，并为可预计的业务提供足够的系统容量和提供高服务质量。

3）可靠性、可用性及可维护性。在设计中，要将工程的可靠性、可用性和可维护性放在重要位置，从结构设计、设备选型、系统建设、网络管理上对整个网络运行系统必须具备的高可靠性、可用行、可维护性做出保证，以确保网络成为一个不间断的运行系统。

4）安全性。所选择的设备应能提供系统级的、灵活的多种安全控制机制，以支持招标方建立完善的安全管理体系。

5）扩展性。网络系统设计应具有良好的可扩展性和最大的灵活性，以适应网络的发展，满足当前及未来网络中数据交换的需求，又能保护原来的投资。

6）管理性。建立完善的运行、管理和维护手段。

3. 项目设备与版本

本项目所需主要设备见表 5-4。

表 5-4 项目设备与版本

名称和型号	版 本	数 量
MSR36-20	H3C Comware Software, Version 7.1.059, Alpha 7159	2
S5820V2-54QS-GE	H3C Comware Software, Version 7.1.059, Alpha 7159	4
PC	Windows 7 Service Pack 1	3
第 5 类 UTP 以太网连接线		8

4. 设备与端口命名规则

按照设备职责的分配，建议将设备命名按照"[设备属性]-[设备类型]-[N]-[设备型号]"的形式规定。其中，设备属性分为：

　　RT——路由器

　　L3——路由交换机

　　L2——交换机

设备类型分为：

A——核心层
　　B——汇聚层
　　C——接入层

N 标识本层设备的序列号，如第 1 台、第 2 台等。

例如，将核心层第一台路由器 MSR3020 路由器命名为"RT-A-1-MSR3020"。

设备端口命名规则为"［端口类型］-［端口所在业务板号］［端口号］"，其中端口类型包括：

　　FE——百兆以太网端口
　　GE——千兆以太网端口
　　POS——155Mbit/sSDH 端口
　　PO4——622Mbit/sSDH 端口
　　P1——62.5Gbit/sSDH 端口
　　E1——2Mbit/sE1 端口

5. 项目网络拓扑结构

某大型企业的生产办公网络业务区位于公司 A 座。L2-1、L2-2 和 L2-3 是业务主机，接入交换机；其中 L2-1 放置在生产区机柜，位于公司二楼；L2-2 和 L2-3 放置在办公区机柜，位于公司三楼；RT1、RT2 和 RT5 位于公司 A 座机房中。

服务器区位于公司 B 座。RT 3、RT 4 和 L3-3 位于 B 座服务器机房中。

网络结构：核心交换机使用倒 U 字形网络结构；汇聚交换机与业务区核心路由器采用三角形网络结构。接入交换机与汇聚交换机分别使用口字形连接和双归属网络结构。

链路设计：本网络采用千兆电口进行局域网连接；服务器区与业务区使用 MSTP、千兆光纤进行连接，实现双线备份。业务区通过两条串口线路做捆绑访问互联网；服务器区使用百兆电口访问互联网。拓扑结构如图 5-11 所示。

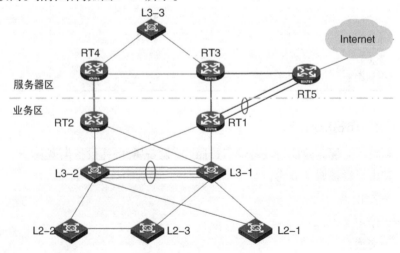

图 5-11　项目网络拓扑结构图

6. IP 地址配置

（1）全局 IP 地址说明 在本项目中，全网使用 IPv4 网络地址。按照 IP 的分类，本次使用私网地址 10.1.0.0/16 网段对全网进行 IP 地址规划。

按照项目网络规划，本次网络主要分为设备管理地址、设备互连地址、业务地址和服务器地址四个分块。

为了方便以后网络的扩展，本次网络 IP 地址规划给分支机构预留出 10.1.128.0 ~ 10.1.255.255 地址段，以用于 IP 地址的规划。对于预留出的 IP 地址段，如果需要使用，则必须经过审批后才可以使用。

（2）管理地址规划 管理地址的主要作用是为设备提供唯一的 Router ID 以及设备网管地址。

本次网络规划中，使用一个 C 网段 10.1.0.0/24 作为设备管理地址进行分配，三层设备启用环回口 0 作为管理端口，二层设备启用 VLAN 1000 作为管理 VLAN 进行 IP 地址分配；路由器、路由交换机使用奇数作为管理地址，二层交换机采用偶数作为管理地址。具体规划见表 5-5。

表 5-5　IP 地址规划

编号	设备	管理地址	子网掩码
1	RT1	10.1.0.1	255.255.255.255
2	RT2	10.1.0.3	255.255.255.255
3	RT3	10.1.0.65	255.255.255.255
4	RT4	10.1.0.67	255.255.255.255
5	RT5	10.1.0.129	255.255.255.255
6	L3-1	10.1.0.130	255.255.255.255
7	L3-2	10.1.0.132	255.255.255.255
8	L3-3	10.1.0.66	255.255.255.255
9	L2-1	10.1.0.165	255.255.255.224
10	L2-2	10.1.0.164	255.255.255.224
11	L2-3	10.1.0.162	255.255.255.224

（3）互联地址规划 为了节约 IP 地址，互联地址全部采用 30 位子网掩码，即一个互联地址网段只有两个主机 IP 地址。

本次网络地址规划中，使用 10.1.32.0/24 网段作为互联地址段进行互联 IP 地址的分配。按照网络区域设计，给每一区域划分一个子网作为区域互联地址网段。具体分配见表 5-6。

表 5-6 OSPE 区域和网段规划

编号	OSPF 进程	区域 ID	互联地址	子网掩码
1	100	0	10.1.32.0	255.255.255.192
2	100	1	10.1.32.64	255.255.255.192
3	100	2	10.1.32.128	255.255.255.192
4	200	0	10.1.32.192	255.255.255.192

按照近核心端奇、远核心端偶，左奇右偶，上奇下偶的原则进行 IP 地址规划设计。

（4）业务地址规划　在本项目中，为满足设备接入需求，将 10.1.4.0～10.1.15.255 作为业务地址分配范围。业务中包括办公（OA）业务和生产（Produce）业务两种类型。

用户要求办公业务划分为两个 VLAN 即 VLAN 10 和 VLAN 20；生产业务划分为一个 VLAN，即 VLAN 30。

为了保证同一种业务 IP 地址的连续性，进行如下 IP 地址分配，见表 5-7。

表 5-7 VLAN 和互联网段规划

编号	业务类型	Vlan ID	互联地址	子网掩码
1	办公	10	10.1.4.0	255.255.255.0
2	办公	20	10.1.5.0	255.255.255.0
3	生产	30	10.1.8.0	255.255.255.0

（5）服务器地址规划　服务器区分为三种服务器：办公服务器、综合业务服务器和管理服务器，且每一种服务器的网卡数量都不超过 32 个。为了节约 IP 地址，先将整个服务器区服务器 IP 地址从一个 C 网段 10.1.1.0/24 中进行划分。

按照需求，每一种服务器的网卡数量都不超过 32 个，经过与用户沟通了解后，这 32 个网卡不包含网关，仅为服务器本身自带的网卡数量。按照需求，服务器区 IP 地址规划见表 5-8。

表 5-8 服务器 IP 地址规划

编号	服务器	网络地址	子网掩码
1	办公	10.1.1.128	255.255.255.192
2	综合业务	10.1.1.0	255.255.255.192
3	网络管理	10.1.1.64	255.255.255.192

7. IGP 规划

在本项目中，IGP（Interior Gateway Protocol，内部网关协议）选择使用基于链路状态的 OSPF 路由协议。

（1）OSPF 规划　在本项目中，采用 OSPF 作为整网的 IGP。

（2）OSPF Process ID 规划　Process ID 即进程 ID，说明一台设备上可以启用多个 OSPF 进

程进行路由计算及选路。不同进程之间互不影响。例如，将服务器区、业务区访问互联网的连接区域称为外联区。将服务器区、业务区放到 OSPF 进程 100 中，外联区放到 OSPF 进程 200 中。OSPF Process ID 设计如图 5-12 所示。

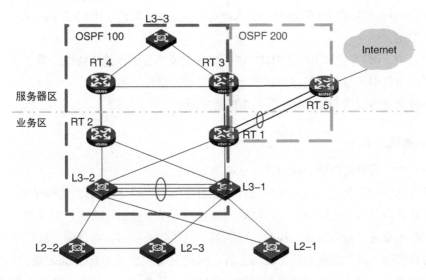

图 5-12　OSPF Process ID 设计

（3）OSPF 区域规划　OSPF 是一种以 Area 0 为骨干区域的分层路由协议。在该项目中，将核心路由器的互联区域设计为 OSPF 100 的骨干区域，将外联区作为 OSPF 200 的骨干区域。

将服务器区域作为 OSPF 100 的非骨干区域 Area 1；将业务区域作为 OSPF 100 的非骨干区域 Area 2。OSPF 区域规划如图 5-13 所示。

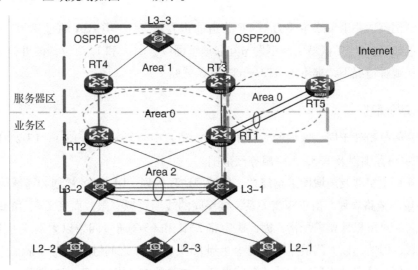

图 5-13　OSPF 区域规划

（4）OSPF Router-ID 规划　为了保证 OSPF 的稳定运行，需要为每一台运行 OSPF 路由协议的路由器指定一个 Router-ID 作为路由器的唯一标识。通常手工指定路由器的一个端口地址作为路由器的 Router-ID。

关于 Router-ID 的规划详见 IP 地址的规划。

8. OSPF 路由引入

OSPF 路由引入包括在 OSPF 进程中引入静态路由、RIP 路由、OSPF 路由、ISIS 路由、BGP 等学习到的路由。

在本项目中，OSPF 进程 100 与 OSPF 进程 200 需要相互引入路由协议，需要注意防止外部路由在边界的重复引入导致次优路由的产生，甚至产生路由环路。

对于其他路由协议在 OSPF 中的引入则视情况而定。

9. 静态路由规划

在本项目中，需要使用静态路由进行互联网的访问。

静态路由的设计主要包括优先级的设计、静态路由与 Tack 模块的联动和浮动静态路由。

路由策略是与路由协议结合使用，增强网络管理人员对路由协议的控制管理。上层路由协议在与对端路由器进行路由信息交换时，可能需要只接收或发布一部分满足给定条件的路由信息；路由协议在引入其他路由协议路由信息时，可能只需要引入一部分满足条件的路由信息，并对所引入的路由信息的某些属性进行设置，以使其满足本协议的要求。路由策略则为路由协议提供实现这些功能的手段。

路由策略由一系列的规则组成，这些规则大体上分为三类，分别作用于路由发布、路由接收和路由引入过程。路由策略也常被称为路由过滤，因为定义一条策略等同于定义一组过滤器，并在接收、发布一条路由信息或在不同协议间进行路由信息交换前应用这些过滤器。

本项目中用到的路由策略主要为 OSPF 路由的边界聚合、3 类 LSA 的过滤和 OSPF 路由过滤。主要要求如下：OSPF 区域之间不发布互联地址网段；L2-2 和 L2-3 下挂的办公主机访问服务器区无论在哪种情况下，都不走 RT2—RT3 这条线路。

10. 局域网规划

局域网一般是指处于同一区域的主机组。在本项目中，局域网即 L3-1、L3-2、L2-1、L2-2 和 L2-3 下联主机范围以及 L3S3 下联服务区范围。

局域网规划主要涉及局域网链路规划、局域网防环规划、DHCP 的规划和局域网安全。

（1）局域网链路规划　由于距离关系，楼层间的线缆资源有限，而且 L3-1 和 L3-2 之间链路使用率较高，对可靠性要求严格，因此决定将 L3-1 和 L3-2 通过四条以太网线、千兆以太网电口进行互联，即使用以太网链路聚合技术达到 L3-1 和 L3-2 之间链路的高可靠性。

链路聚合分为静态链路聚合和动态链路聚合，本项目中采用的是静态链路聚合。

（2）局域网防环规划

1）生产区。

① Smart Link 在与生产区网络管理人员的接触过程中了解到，该区域业务实时性较高，该区网管人员对该区局域网设计提出了明确要求，希望当出现链路故障时，局域网能够迅速收

敛，并拒绝使用 STP 二层防环设计。生产区网络拓扑结构图如图 5-14 所示。

按照项目要求，结合生产区拓扑结构图，在该项目中，生产区局域网使用 H3C Smart Link 技术实现局域网双上联、链路快速切换的实现。

② VRRP。生产区分为两个生产组，即生产组 A 和生产组 B。为了区分两个生产组的流量，用户要求生产组 A 主走 L3-1，备走 L3-2；生产组 B 主走 L3-2，备走 L3-1。

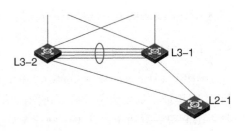

图 5-14　生产区网络拓扑结构图

由于前期规划生产区域属于同一个 VLAN，生产业务网络地址为 10.1.8.0/24，因此在汇聚层路由交换机上的生产 VLAN 端口下创建两个 VRRP 组，分别对应生产组 A 和组 B，并按照用户要求，实施 VRRP 主备网关之间的优先级配置。

在 L3-1 和 L3-2 上均 Track 与 RT 2 相连 VLAN 端口状态，当 VLAN 端口状态出现故障时，降低自身优先级，实现主备网关切换。考虑到主备网关迅速切换，当主网关出现故障时，备网关立即抢占；当主网关恢复后，等待延迟 2s 后，恢复主网关地位。

为了保证 VRRP 网关的安全性，用户要求使能 VRRP MD5 验证功能。

③ MAC 地址认证。为了安全区域主机的安全接入，且避免用户之间账号借用，该项目中生产区主机使用无须用户输入登录用户名密码的基于 MAC 地址的认证功能，且使用服务器区的网管服务器完成认证。

考虑到用户接入的可靠性和稳定性，该项目中 MAC 地址认证优选网管服务器端的 Radius 认证，当网管服务器出现故障时，为了生产区主机的正常接入，使用强制用户模式的 MAC 地址认证模式，以防止因服务器问题而导致生产区主机无法接入网络。

2）办公区。由于办公区域分为两个 VLAN，通过与用户的沟通，决定该区域使用 MSTP 防止二层环路。

① MSTP。办公区域使用 MSTP 技术防止二层环路。为了便于用户后期的扩展，将办公区域的两个业务 VLAN 分别映射到了不同的 MSTP 实例中，以便用户后期根据自己的需要修改生成树的主根及备根。办公区网络拓扑结构图如图 5-15 所示。

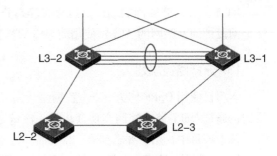

图 5-15　办公区网络拓扑结构图

根据用户要求，办公区两个网段的主机均以 L3-2 为主网关，以 L3-1 作为备网关；结合办公区网络结构拓扑图，将 L3-2 作为 MSTP 两个办公 VLAN 对应实例的主根，将 L3-1 作为备根。

为了使生成树更加健壮，该项目中要求使用以下生成树的保护功能：

- STP TC 防护。
- STP 根防护。
- STP 环路防护。
- STP 边缘端口。
- BPDU 防护。

② VRRP。根据用户要求，所有办公区域的主机主走 L3-2，备走 L3-1。该 VRRP 实现与生

产区 VRRP 实现类似，此处不再赘述。

11. DHCP 规划

DHCP（Dynamic Host Configuration Protocol，动态主机配置协议）用于为接入主机分配合理的 IP 地址，从而使主机可以访问网络资源。在本项目中，RT 5 是一款老华为 AR 设备，支持 DHCP 服务器功能，且 A 座网管人员要求使用该设备作为 DHCP 服务器，为办公网段分配 IP 地址。

由于 RT 5 与办公网络并非同一网段，因此需要使能 L3-1 和 L3-2 设备的中继功能，为办公网段分配 IP 地址。在此次设计中，考虑到 DHCP 的稳定性和可靠性，使用 RT 5 的管理地址作为 DHCP 服务器地址。

为了防止办公网段用户非法手工指定 IP 地址，访问网络资源，在 L3-1 和 L3-2 中继上使能中继地址检查功能，并在二层接入交换机上使能 ARP 监测功能、IP 地址源地址检查功能和 DHCP Snooping 功能。

为了防止办公网段主机对 DHCP 服务器进行攻击，在端口下配置 DHCP 限制功能。

12. 广域网规划

在本项目中，广域网规划包括 RT 1 与 RT5 之间的 PPP 设计和局域网访问互联网控制的 NAT 配置。

（1）PPP 规划　RT 1 与 RT 5 之间使用两条串口线缆承载业务区访问互联网的数据流量。两条串口线缆做 PPP MP 组捆绑，且 RT 1 与 RT 5 之间配置 PPP CHAP 双向验证。

（2）NAT 配置　在本项目中，用户提出只允许业务区办公网段访问互联网。

RT 5 上外联互联网的端口是运营商静态分配的 IP 地址 221.1.4.5；在 RT 5 上配置只允许办公网段访问互联网的 ACL，使用简单 NAT 实现。

13. 流量路径规划

本项目使用 OSPF 作为 IGP，数据流量路径的规划主要依靠 OSPF Cost 值的设计达到选路的目的；通过 OSPF 路由控制实现禁止某一流量走某一条路径。

在本项目中，用户要求如下：

1）办公业务访问办公服务器时，主走线路 RT 1—RT 3，其次走 RT 1—RT 5—RT 3；反之亦然。

2）生产业务访问生产服务器时，主走线路 RT 2—RT 4，其次走 RT 1—RT 3，再次走 RT 1—RT 5—RT 3；反之亦然。

3）业务区和服务器区分别通过 RT 1、RT 3 与 RT 5 相连接入互联网，业务区访问互联网时，流量不允许通过服务器区设备；同时服务器区访问互联网也不允许通过业务区。

14. 数据流分析

（1）生产数据流

1）正常数据流。在链路状态都正常的情况下，生产数据流走向图如图 5-16 所示。

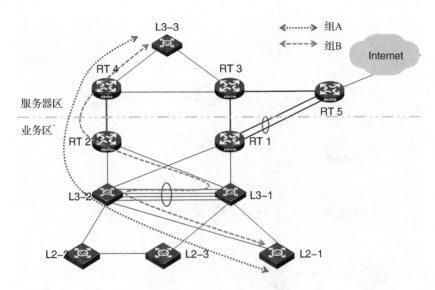

图 5-16　正常情况下的生产数据流走向图

正常情况下，组 B 的流量由于生产局域网为 Smart Link 技术防环，且设备不支持多 Smart Link 组，因此需要绕过 L3-2，从 L3-1 的主网关走。

2）故障数据流。生产故障数据流主要包括以下 5 种故障情况：

① L3-2 < > RT 2 链路故障。当 L3-2 与 RT 2 之间的链路出现故障时，生产数据流流量如图 5-17 所示。

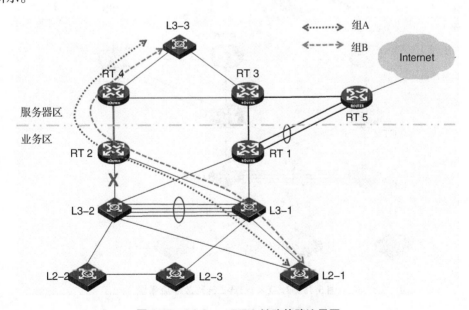

图 5-17　L3-2 < > RT 2 链路故障流量图

② L3-1 < > RT 2 链路故障。当 L3-1 与 RT 2 之间的链路出现故障时，生产数据流流量如图 5-18 所示。

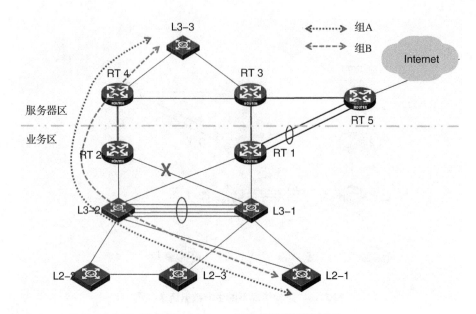

图 5-18　L3-1 < > RT2 链路故障流量图

③ L3-1 < > L3-2 链路故障。当 L3-1 与 L3-2 之间的链路出现故障时，生产数据流流量如图 5-19 所示。

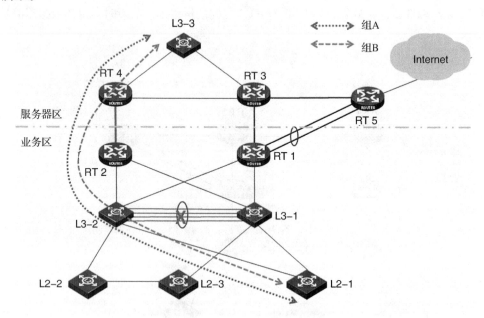

图 5-19　L3-1 < > L3-2 链路故障流量图

④ RT 2—RT 4 链路故障。当 RT 2 与 RT 4 之间的链路出现故障时，触发用户流量路径切换条件，流量切换到 RT 1 与 RT 3 互连线路上来。此时生产数据流流量如图 5-20 所示。

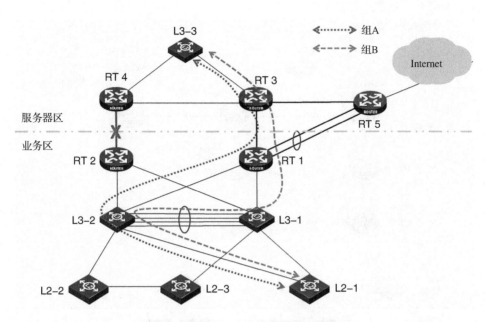

图 5-20　RT 2—RT 4 链路故障流量图

⑤ RT 4 < > L3-3 链路故障。当 RT 4 与 L3-3 之间的链路出现故障时，生产数据流量仍然从 RT 2—RT 4 通过；这时生产业务数据流走 RT 4—RT 3—L3-3 线路。此时生产流量图如图5-21 所示。

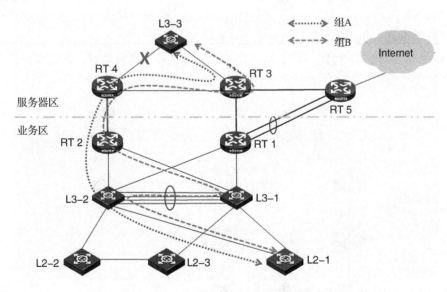

图 5-21　RT 4 < > L3-3 线路故障流量图

至此，生产业务数据流路径走向以及故障情况下数据流量路径已经明了，但是仅靠生产数据流量路径并不能给出 OSPF 完整的路由规划。

（2）办公数据流

1）正常数据流。在正常情况下，办公数据流流量图如图 5-22 所示。

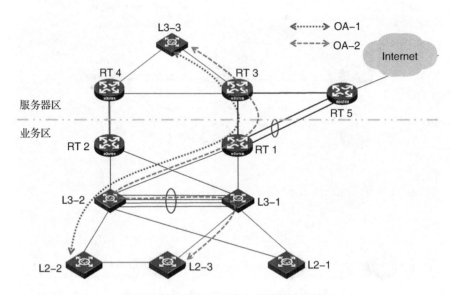

图 5-22 正常情况下的办公数据流流量图

由于办公局域网网络运用了 MSTP（Muti-Service Transfer Platform，多业务传送平台）技术，且 L3-2 为两个办公 VLAN 的主根，L3-1 为备根，因此逻辑上 L2-2 与 L2-3 之间链路处于阻塞状态。L2-3 下挂的办公主机访问服务器时，需要绕行 L3-1 到 L3-2 网关进行流量转发。

2）故障数据流。办公故障数据流有以下 4 种情况：

① L3-1 < > L3-2 链路故障。当 L3-1 与 L3-2 之间的链路出现故障时，办公数据流流量图如图 5-23 所示。

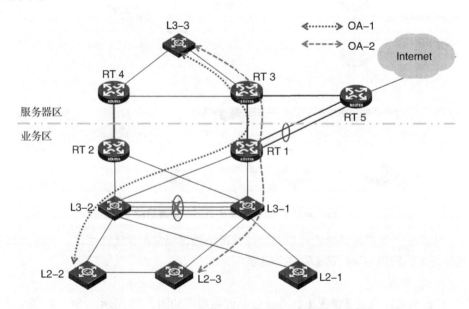

图 5-23　L3-1 < > L3-2 链路故障办公数据流流量图

② L3-2＜＞RT 1 链路故障。当 RT 1 与 L3-2 之间的链路出现故障时，两个办公 VLAN 的网关都发生主备切换，办公数据流流量图如图 5-24 所示。

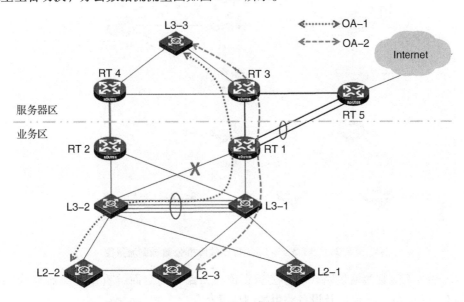

图 5-24　L3-2＜＞RT 1 链路故障办公数据流流量图

③ RT 1—RT 3 链路故障。当 RT 1 与 RT 3 之间的线路出现故障时，触发链路切换，RT 1—RT 5—RT 3 路径承载办公数据流量，办公数据流流量图如图 5-25 所示。

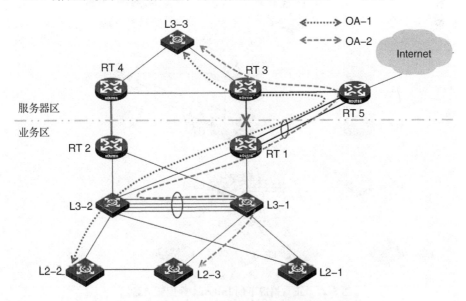

图 5-25　RT1—RT 3 链路故障办公数据流流量图

④ RT 3＜＞L3-3 链路故障。当 RT 3 和 L3-3 之间链路出现故障时，办公数据流流量图如图 5-26 所示。

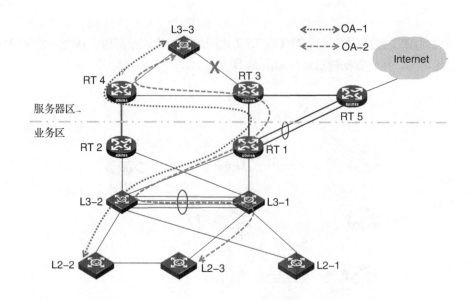

图 5-26　RT 3 < > L3-3 链路故障办公数据流流量图

可以上述生产数据流流量路径和办公数据流流量路径的全面解析作为规划 OSPF 的依据，进而规划 OSPF 链路 Cost 值以及设备路由控制情况。

（3）Internet 数据流

1）正常数据流。在正常情况下，Internet 数据流流量图如图 5-27 所示。

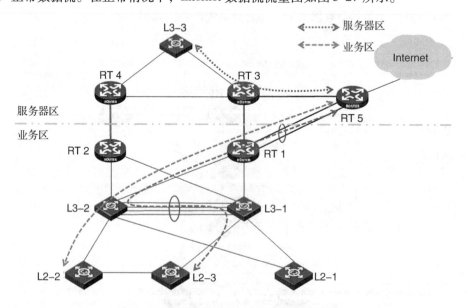

图 5-27　正常情况下的 Internet 数据流流量图

2）故障数据流。Internet 故障数据流主要有以下两种情况：

① RT 3 < > L3-3 链路故障/RT 1 < > L3-2 链路故障。当 RT 3 和 L3-3 之间的链路出现故障或者 RT 1 和 L3-2 之间的链路出现故障时，访问 Internet 的流量通过备份路径到达外网，流量路径如图 5-28 所示。

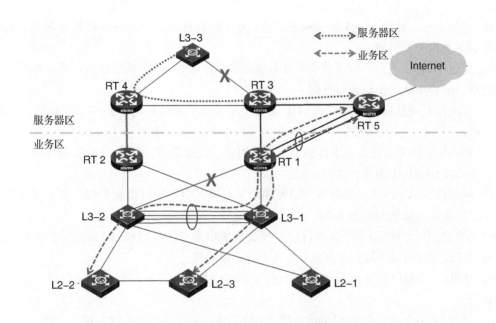

图 5-28　RT 3 < > L3-3 链路故障/RT 1 < > L3-2 链路故障 Internet 数据流流量图

② RT 3—RT 5/RT 1—RT 5 链路故障。当 RT 3 和 RT 5 或者 RT 1 和 RT5 之间的链路出现故障时，服务器区域或者业务区域无法访问外网。

15. OSPF 详细规划

OSPF 默认的计算方式为：Cost = 带宽参考值/端口带宽（默认带宽参考值为 100）。由于本次网络中端口带宽为千兆电口，因此需要在 OSPF 进程视图下，手工指定带宽为 10000，以便真实体现网络端口带宽情况。

如果需要手工指定 OSPF Cost 值，则需要注意在真实体现网络接口带宽的前提下进行 Cost 设计，以满足后期的数据流量选路要求。

在本项目中，要求对办公业务流量、生产业务流量和访问 Internet 流量进行区分选路。

（1）设备端口　在本项目中，主要涉及三层以太网接口、互连 VLAN 端口、环回端口、网关接入 VLAN 端口、服务器 VLAN 接入端口以及 MP 组端口等六种设备端口。

本项目要求使用 OSPF 规划体现设备端口类型。

（2）网络端口类型　OSPF 端口网络类型包括点到点、广播、点到多点以及非广播多路访问（Non-broadcast Multiple Access，NBMA）四种网络端口类型。

三层以太网端口、VLAN 端口默认为广播类型，为了加快 OSPF 收敛速度，将互连端口全部手工指定为点到点网络类型。

16. Cost 规划

（1）端口 Cost 规划　按照前面的要求，端口 Cost 值的规划需要体现端口类型。本项目端口 Cost 设计参照如下规定：

1）业务 VLAN。如果该 VLAN 为业务接入 VLAN，该 VLAN 端口的 OSPF Cost 为硬件规定的 100。该项目中，业务 VLAN 的 Cost 值以 10 为步长进行划分。暂时规划业务 VLAN 主网关 Cost 为 10、备网关 Cost 为 20。

2）互连 VLAN。互连 VLAN 作为互连线路的身份影响着 OSPF 的生成树计算。本项目规定互连链路 Cost 以 100 为步长进行分配。

3）三层以太网接口。三层以太网接口与互连 VLAN 功能相同，同样以 100 为步长进行 Cost 规划。

4）环回口。环回口是设备虚拟出来，用于测试、设备管理、设备 ID 标识等作用。在本项目中，环回口 Cost 以 1 为步长进行分配。

5）服务器 VLAN 端口。服务器 VLAN 端口与业务 VLAN 端口功能类似，在本项目中，服务器 VLAN 端口 Cost 暂时规划为 30。

6）MP 组端口。MP 组是串口进行三层捆绑后虚拟出来的三层端口，MP 组端口 Cost 的分配，与三层以太网端口类似，以 100 为步长进行 Cost 分配。

综上所述，对端口 Cost 值的规划已经有了详细的规定，下面按照规定进行进一步的 Cost 详细规划。

（2）整体 Cost 规划　下面对本项目整体 OSPF 的 Cost 值进行详细的分析、规划。

为了尽量使往返路径一致，初步 OSPF 的 Cost 规划如图 5-29 所示。

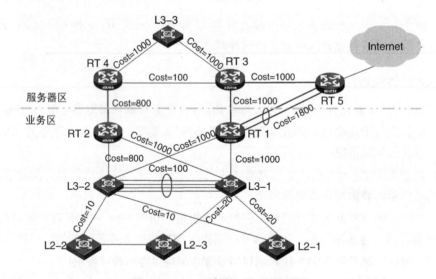

图 5-29　OSPF 整体 Cost 值规划图

根据图 5-29 中所示的 Cost 值，在项目实施中进行手工指定端口 Cost 值即可。

17. OSPF 可靠性规划

在 OSPF 规划时，需要考虑 OSPF 的可靠性，即当任意单条链路出现故障时，不影响 OSPF 路由的宣告，没有连续区域。

所谓"双塔奇兵"，即在 OSPF 规划时，为了防止次优路径的产生，在同一物理端口同时属于双 OSPF 区域时，使用子端口，分别将子端口在对应的 OSPF 区域中宣告。

在该项目中，RT 3 与 RT 4 之间的 OSPF 规划使用"双塔奇兵"进行规划。

1）虚连接。当 OSPF 区域出现不连续时，可以使用虚连接将两个不连续的区域连接起来。虚连接又被称为骨干区域的延长。例如，当 RT 3 与 RT 4 之间的线路出现故障时，会出现双骨干区域的情况。在本项目中，于 RT 1 和 RT 2 上的非骨干区域 Area1 中配置虚连接。

2）平滑重启。平滑重启，即 Graceful Restart。当设备 OSPF 进程重启时，在规定时间内，该设备 OSPF 邻居维护从其学到的路由信息，不间断地进行数据转发。在本项目中，根据实际需求进行可选性配置。

（1）OSPF 进程引入防环　OSPF 在规划时，需要注意多点 OSPF 进程重发布造成的外部路由环路问题。

在本项目中，在 RT 1、RT 3 上需要配置 OSPF 进程 100 和进程 200 之间的双向引入。此时会在进程 100 的路由器和进程 200 的路由器出现 OSPF 外部路由的次优路由条目。

为了防止因 OSPF 双向重发布而引起的外部路由次优、环路问题，针对本项目提出如下两种解决方法：

1）Tag 过滤。所谓 Tag 过滤，即在 ASBR 路由器上的 OSPF 进程 100 中引入 OSPF 进程 200 时，对引入的路由进行 Tag 标记，并在另一个 ASBR 上的 OSPF 进程 200 中引入 OSPF 进程 100 时，对引入的路由进行 Tag 过滤，这样可以防止从其他进程学习到本进程路由。

2）选择性引入。选择性引入即在 ASBR 上配置路由策略，只允许引入感兴趣路由。这样防止了因全部路由引入而导致的外部路由次优、环路问题。

（2）OSPF 优化规划　为了保障 OSPF 的高效性，对 OSPF 进行了优化配置规划，包括 OSPF 与 BFD 联动、调整 OSPF SPF 计算间隔、使能 OSPF 区域验证功能、配置静默端口、使能 OSPF 端口 MTU 功能等功能。

（3）OSPF 与 BFD 联动　为了加快因链路故障而引起的 OSPF SPF 重计算收敛速度，本项目中配置了 BFD 与 OSPF 联动，以加快 OSPF 收敛速度。

1）修改 SPF 计算间隔。为了加快 OSPF 的收敛速度，修改 SPF 的计算间隔，保证 OSPF 主备路径之间因链路震荡而引起的暂时性次优路径的产生。

2）使用静默端口。为了防止用户攻击 OSPF 进程，要求使用 OSPF 静默端口功能。需要注意的是，静默端口只对该进程有效，不同的 OSPF 进程，同一网络端口，需要在不同的进程下都使能静默端口。

H3C Comware 对 OSPF 端口的宣告做了优化，在同一设备上，一个网路端口只能属于一个 OSPF 进程。

（4）使用 OSPF 验证　为了防止 OSPF 路由信息外泄，防止恶意 OSPF 攻击，本项目要求使用 OSPF 的强验证功能，即加密的 MD5 验证功能。

注意：使用 OSPF 验证功能，需要在 OSPF 区域视图下使用 OSPF 验证功能，相应的区域 OSPF 端口下，配置 OSPF 验证密码信息。

（5）使用 DD 报文携带 MTU 功能　默认的 OSPF 数据库描述报文是不携带链路端口 MTU 信息的，以"0"填充。为了反映端口的真实情况，在 OSPF 端口下使用 OSPF DD 报文的 MTU 功能。

（6）使用日志功能　默认情况下，OSPF 的配置、状态及错误日志处于关闭状态。为了便于网络管理，本项目要求开启 OSPF 的日志功能。

（7）使用优先处理 Hello 报文功能

为了保证协议的正常运行，路由器要同时接收和处理 Hello 报文以及其他类型的协议报文，当路由器与多个邻居路由器同时建立邻居关系并且路由表中的路由条数比较多时，需要路由器接收和处理的报文数量会很大，可以通过配置 OSPF 优先接收和处理 Hello 报文，来确保邻居关系的稳定性。

在本项目中，要求使用路由器有限处理 Hello 报文的功能。

（8）ABR 路由聚合

为了减少路由器维护的路由条目，在 OSPF 进程中，要求配置相应的 ABR 汇总功能。

对于互联地址，在 ABR 上汇总后，进行过滤操作。

对于业务地址，在 ABR 上汇总后，进行相应的 Cost、Tag 等配置，配合路由选路。

18. VPN 规划

在本项目中，用户提出与分支机构之间通过在 Internet 上建立 IPsec VPN，实现分支机构访问总部的服务器区网络。但是由于服务器区与外连 Internet 的 RT 5 不在同一建筑中，客户要求 RT 5 只做简单的 NAT 端口映射工作，有服务器的 RT 3 负责与分支机构之间的 IPsec VPN 的建立与维护工作。

（1）分支接入 Internet 在本项目中，分支结构通过 ATM 拨号进行 Internet 的接入访问。这部分内容属于了解内容。使用 ATM 端口拨号时，需要从运营商处得到 ATM 的 PVC 编号信息，然后在相应的 PVC 下配置 PPPoE 的拨号虚端口映射，完成拨号工作。

（2）NAT 端口映射/静态映射 在本项目中，由于职责情况，要求在 RT 5 上配置 IPsec VPN 的端口映射信息。如果用户端的 Internet 端口有多余的公网 IP 地址，可以通过静态映射，从而有利于对 IPsec 流量的区分。

NAT 端口映射工作，需要配置 IPsec 相应协议的端口映射关系。

ESP：协议端口 50

AH：协议端口 51

数据：UDP 端口 500

（3）IPsec VPN 规划 由于该 VPN 模型为 Hub-Spoke 模型，为了减少总部 IPsec 的配置信息，总部 RT 3 上使用 IPsec 策略模版与分支机构建立 IPsec VPN。

19. QoS 规划

在本项目中，RT 1 到 RT 3 之间有第三方设备，转发速率仅为 8Mbit/s，为了防止因业务流量过大而造成大量丢包现象，要求在 RT 1 和 RT 3 互连线路端口进行出端口限速 8Mbit/s 处理。

由于生产业务实时性要求较高，要求对生产业务流进行 2Mbit/s 的带宽保障。

（1）限速规划 由于 RT 1 与 RT 3 之间有第三方设备，因此需要在 RT 1 和 RT 3 相连端口的出端口方向做 LR 限速（为 8Mbit/s）。

为了精确 QoS 计算，同样在 RT 1 与 RT3 相连端口进行 QoS 最大带宽手工指定为 8Mbit/s。

（2）带宽保障 该项目 QoS 功能的部署，使用成熟的 MQC（模块化 QoS 命令行）机制。

在 RT 1、RT 2、RT 3 及 RT 4 上均配置 QoS 功能。在业务方向入端口上进行 DSCP 标记操作，对生产业务流量标记为 DSCP AF41。

在 RT 1、RT 2、RT 3 及 RT 4 上的业务出方向进行带宽保障，即将生产业务放入 AF 队列，并对其该队列进行 2M 的带宽保障。

网络管理部分主要分为 NTP（Network Time Protocol，网络时钟协议）、SNMP（Simple Network Management Protocol，简单网络管理协议）和设备管理。

20. NTP 规划

使用 NTP 的目的是对网络内所有具有时钟的设备进行时钟同步，使网络内所有设备的时钟保持一致，从而使设备能够提供基于统一时间的多种应用。

在本项目规划中，全网设备向 RT3 进行时钟同步，并开启 NTP 验证功能和访问控制功能。

NTP 的访问控制内容为：用户可以配置对本地设备 NTP 服务的访问控制权限。访问控制权限可以分为以下 4 种：

1) query，即允许控制查询权限。该权限只允许对端设备对本地设备的 NTP 服务进行控制查询，但是不能向本地设备同步。所谓控制查询，就是查询 NTP 的一些状态，比如告警信息、验证状态、时钟源信息等。

2) synchronization，即只允许服务器访问权限。该权限只允许对端设备向本地设备同步，但不能进行控制查询。

3) server，即允许服务器访问与查询权限。该权限允许对端设备向本地设备同步和控制查询，但本地设备不会同步到对端设备。

4) peer，即完全访问权限。该权限既允许对端设备向本地设备同步和控制查询，同时本地设备也可以同步到对端设备。

NTP 服务的访问控制权限从高到低依次为 peer、server、synchronization、query。当设备接收到一个 NTP 服务请求时，会按照此顺序进行匹配，并以第一个匹配的权限为准。

NTP 服务器端配置 synchronization 访问控制，其他网络设备（即 NTP 客户端）配置 peer 访问控制。

21. SNMP 规划

SNMP（Simple Network Management Protocol，简单网络管理协议）是网络中管理设备和被管理设备之间的通信规则，它定义了一系列消息、方法和语法，用于实现管理设备对被管理设备的访问和管理。SNMP 具有以下优点：

1) 自动化网络管理。网络管理员可以利用 SNMP 平台在网络上的结点检索信息、修改信息、发现故障、完成故障诊断、进行容量规划和生成报告。

2) 屏蔽不同设备的物理差异，实现对不同厂商产品的自动化管理。SNMP 只提供最基本的功能集，使得管理任务分别与被管理设备的物理特性和下层的联网技术相对独立，从而实现对不同厂商设备的管理，特别适合在小型、快速和低成本的环境中使用。

在本项目中，用户要求使用 SNMPv3 管理设备 L3-1 和 L3-2，并尽量保障安全性。以下为 SNMPv3 配置脚本：

```
snmp - agent
snmp - agent local - engineid 800063A203000FE2E9F8B0
snmp - agent sys - info contact H3C_Beijing_China Tel：8008100504
snmp - agent sys - info location H3C
```

snmp – agent sys – info version v3
snmp – agent group v3 Usergroup privacy acl 2300
snmp – agent target – host trap address udp – domain 10. 1. 4. 10 params securityname User v3　privacy
snmp – agent usm – user v3 User Usergroup authentication – mode md5 h3c@ h3c privacy – mode aes128 h3cie acl 2300
snmp – agent trap source LoopBack0

参照上述脚本，配置相应的 ACL，对 L3-1 和 L3-2 设备进行 SNMP 配置即可。

22. 设备管理

设备管理分为 Console 管理和远程管理。其中 Console 管理即网络管理员通过登录设备的 Console 口进行设备管理；远程管理则是管理员在同一局域网或跨网段对设备进行远程访问和控制。

（1）Console 管理　要求在 Console 端口使用基于用户名 + 密码的本地认证管理系统。同时使能设备 Super 授权功能，配置 Super 密码。

（2）远程管理　为了提高网络设备的安全性，所有设备采用 SSH 远程管理，并且修改重试次数为 2，以增强设备的远程管理安全性。

5.1.6　项目具体配置

1. RT 1 配置参考

sysname RT1
#
super password level 3 cipher G'M^B < SDBB[Q = ^Q'MAF4 < 1！！　　　// 配置远程登录 3 级别用户密码。H3C commware v5 设备中默认权限是 0 权限（访问级），在此权限下，不能对设备执行全局配置，只能使用简单的 display 或者 debug 等命令执行设备。而最高权限是 level 3 权限，在此权限下可以执行全局配置
#
undo voice vlan mac – address 00e0 – bb00 – 0000
#
domain default enable system
#
ip ttl – expires enable
ip unreachables enable　　　// 这两条命令可以在路由追踪中使用到，H3C 设备默认路由追踪功能是关闭的。在不输入这两条命令之前，如果使用 tracert 命令，会发现不能进行路由追踪，打开此命令之后就可以进行路由追踪。注意：要想实现路由追踪，必须沿路经过的所有路由器都输入这两条命令
#
rpr mac – address timer aging 100
#
acl number 3891 name qos　　　// 在 QoS 的 CBQ 上调用此命令实现对数据流的匹配，ACL 的作用就是对数据流或者路由信息识别。使用过程中需要看具体情况，在包过滤防火墙功能或者 CBQ 中主要是匹配用户数据流，而在路由过滤或者策略中，对数据流进行识别。3000 ~ 3999 的 ACL 属于高级的 ACL
rule 10 permit ip source 10. 1. 4. 0 0. 0. 3. 255
acl number 3999 name gl
rule 10 permit ip source 10. 1. 1. 64 0. 0. 0. 63

\#
vlan 1   // VLAN 1 属于默认 VLAN,如果设备没有指定 VLAN 号,则默认所有端口都属于 VLAN 1,通常情况下,数据帧在交换机里都有相应的 VLAN 号,不会是普通的数据帧
\#
vlan 921
name To:L3S1 – Vlan921   // 给出相应的 VLAN 命令,方便后期调用
\#
vlan 922
name To:L3S2 – Vlan922
\#
domain system
authentication ppp local
access – limit disable
state active
idle – cut disable
self – service – url disable
\#
traffic classifier oa operator and   // CBQ 当中的类,用来匹配数据流的 IP 地址信息。默认类的逻辑关系属于 and 的关系,那么 if – match 中如果有多个条件,数据流匹配类时,必须跟类当中列出的所有 ACL 都匹配才能属于这个类。除了 and 的逻辑关系之外还有 or 的逻辑关系,如果使用的是 or 的逻辑关系,那么数据流只要匹配 ACL 当中任意一个 if – match 条件,就属于这个类
    思考题:请问如果设置 if – match not acl 3000 这个规则写法,那么 acl 3000 的数据流是否属于这个类?
if – match acl 3891
\#
traffic behavior oa   // 设置行为
remark dscp af41   // 把数据流重标记成按照 DSCP 的优先级设置成 af41 的优先级
car cir 2048 cbs 128000 ebs 0 green pass red discard   // 配置 car 流量监管,对数据流流限速为2MB/S,2MB/S 以下的数据流正常通过,2MB/S 以上的数据流丢弃
\#
qos policy oa
classifier oa behavior oa   // 在 QoS 策略中调用类和行为,对于属于 10.1.4.0/22 网段的数据流重新标记 AF41 的优先级,并进行流量监管,小于2MB/S 的数据流正常转发,超过的则丢弃。其他网段的数据流不做监管
\#
user – group system
\#
local – user h3c
password cipher G`M^B < SDBB[ Q = ^Q`MAF4 < 1!!
service – type ssh   // 配置 SSH 登录的用户名和密码,SSH 设置的密码设置成了密文的密码
local – user rt5
password cipher G`M^B < SDBB[ Q = ^Q`MAF4 < 1!!
service – type ppp   // 配置 PPP 的用户名和密码
\#
wlan rrm
dot11a mandatory – rate 6 12 24
dot11a supported – rate 9 18 36 48 54
dot11b mandatory – rate 1 2

dot11b supported – rate 5.5 11
dot11g mandatory – rate 1 2 5.5 11
dot11g supported – rate 6 9 12 18 24 36 48 54
#
interface Serial0/2/0
description To:RT5 – S0/2/0 – 64K
link – protocol ppp
ppp authentication – mode chap   // 端口开启 ppp 的 CHAP 验证
ppp chap user rt1   // 在端口设置 CHAP 账号和密码
ppp chap password cipher G^M^B＜SDBB[Q=^Q^MAF4＜1!!
ppp mp Mp – group 1   // 将端口加入到 MP 组,同时开启 CHAP 认证
#
interface Serial0/2/1
description To:RT5 – S0/2/1 – 64K
link – protocol ppp
ppp authentication – mode chap
ppp chap user rt1
ppp chap password cipher G^M^B＜SDBB[Q=^Q^MAF4＜1!!
ppp mp Mp – group 1
#
interface Mp – group1
description To:RT5 – MP1 – 128K(PO200A0L02)
ip address 10.1.255.197 255.255.255.252
ospf network – type p2p   // 在 PPP – MP 端口上设置 OSPF 的网络类型是 P2P 网络,设置为此类型的网络后输入 display ospf peer,其中 DR 和 BDR 字段是空
#
interface NULL0
#
interface LoopBack0
description Manage – IP
ip address 10.1.0.1 255.255.255.255
#
interface Vlan – interface921
description To:L3S1 – SVI921 – 100M(PO100A2L01)
ip address 10.1.255.129 255.255.255.252
ospf cost 200   // 更改 OSPF 端口的 Cost 值,端口的开销更改对于从该端口接收到的路由信息,会携带此 Cost 值,H3C 设备默认端口的 Cost 值是 1

思考题

如果把两台路由器互连端口的 Cost 值设置得不一样,那么从该端口经过的数据流是否受影响,如何影响?

ospf authentication – mode md5 1 cipher G^M^B＜SDBB[Q=^Q^MAF4＜1!!   // 在端口上开启 OSPF 的端口验证,如果使用的是 MD5 验证。如果端口上使用的是 MD5 验证,那么区域在设置时也必须选择 MD5 验证。端口开启 OSPF 验证之后,对端路由器端口的 OSPF 密码必须是一致的,OSPF 邻居才能建立成功

ospf network – type p2p

```
#
interface Vlan-interface922
 description To:L3S2-SVI922-100M(PO100A2L02)
 ip address 10.1.255.133 255.255.255.252
 ospf cost 100          //更改 OSPF 端口的 Cost 值,端口的 Cost 更改对于从该端口接收到的路由信息,会携
带此 Cost 值,H3C 设备默认端口的 Cost 值是 1
 ospf authentication-mode md5 1 cipher G`M^B<SDBB[Q=^Q`MAF4<1!!
 ospf network-type p2p
#
interface Ethernet0/4/0
 port link-mode bridge
 ipx encapsulation ethernet-2
#
interface Ethernet0/4/1
 port link-mode bridge
 ipx encapsulation ethernet-2
#
interface Ethernet0/4/2
 port link-mode bridge
 ipx encapsulation ethernet-2
#
interface Ethernet0/4/3
 port link-mode bridge
 ipx encapsulation ethernet-2
#
interface Ethernet0/4/4
 port link-mode bridge
 ipx encapsulation ethernet-2
#
interface Ethernet0/4/5
 port link-mode bridge
 ipx encapsulation ethernet-2
#
interface Ethernet0/4/6
 port link-mode bridge
 ipx encapsulation ethernet-2
#
interface Ethernet0/4/7
 port link-mode bridge
 ipx encapsulation ethernet-2
#
interface Ethernet0/4/8
 port link-mode bridge
 ipx encapsulation ethernet-2
#
interface Ethernet0/4/9
 port link-mode bridge
```

```
ipx encapsulation ethernet - 2
#
interface Ethernet0/4/10
port link - mode bridge
ipx encapsulation ethernet - 2
#
interface Ethernet0/4/11
port link - mode bridge
ipx encapsulation ethernet - 2
#
interface Ethernet0/4/12
port link - mode bridge
ipx encapsulation ethernet - 2
#
interface Ethernet0/4/13
port link - mode bridge
ipx encapsulation ethernet - 2
#
interface Ethernet0/4/14
port link - mode bridge
ipx encapsulation ethernet - 2
#
interface Ethernet0/4/15
port link - mode bridge
ipx encapsulation ethernet - 2
#
interface Ethernet0/4/16
port link - mode bridge
ipx encapsulation ethernet - 2
#
interface Ethernet0/4/17
port link - mode bridge
ipx encapsulation ethernet - 2
#
interface Ethernet0/4/18
port link - mode bridge
ipx encapsulation ethernet - 2
#
interface Ethernet0/4/19
port link - mode bridge
ipx encapsulation ethernet - 2
#
interface Ethernet0/4/20
port link - mode bridge
description To:L3S1 - E0/4/20 - 100M
port access vlan 921        //端口类型为 Access 端口,属于 VLAN 921
ipx encapsulation ethernet - 2
```

```
#
interface Ethernet0/4/21
 port link-mode bridge
 description To:L3S2-E0/4/21-100M
 port access vlan 922
 ipx encapsulation ethernet-2
#
interface Ethernet0/4/22
 port link-mode bridge
 ipx encapsulation ethernet-2
#
interface Ethernet0/4/23
 port link-mode bridge
 ipx encapsulation ethernet-2
#
interface GigabitEthernet0/1/0
 port link-mode route
 description To:RT3-G0/1/0-1000M
#
interface GigabitEthernet0/1/0.901    //在物理端口上配置子端口,使用单臂路由技术。不过此技术现在用得相对较少,通过三层交换也可以实现不同 VLAN 之间互通
 description To:RT3-G0/1/0.901-100M(PO100A0L01)
 vlan-type dot1q vid 901   //从 G0/1/0.901 端口发出的数据帧会强制给数据打上 VLAN 901 的VLAN 号。
```

> **思考题**
>
> 如果把这个端口下连接的交换机 Trunk 端口的 PVID 值更改成 901,那么其他 VLAN 的 PC 是否能够跟 vlan901 中的 PC 通信?请分析能或者不能的原因。

```
 ip address 10.1.255.1 255.255.255.252
 ospf cost 200     //更改 OSPF 端口的 Cost 值,端口的 Cost 更改对于从该端口接收到的路由信息,会携带此 Cost 值,H3C 设备默认端口的 Cost 值是 1
 ospf network-type p2p
 qos apply policy oa outbound     //CBQ 在本子端口的出方向生效
#
interface GigabitEthernet0/1/0.931
 description To:RT3-G0/1/0.931-1000M(PO200A0L01)
 vlan-type dot1q vid 931
 ip address 10.1.255.193 255.255.255.252
 ospf cost 200     //更改 OSPF 端口的 Cost 值,端口的 Cost 更改对于从该端口接收到的路由信息,会携带此 Cost 值,H3C 设备默认端口的 Cost 值是 1
 ospf network-type p2p
#
ospf 100 router-id 10.1.0.1
 silent-interface LoopBack0    //对 LoopBack0 配置静默端口,静默端口的特点是配置完成之后,路由器不再向这个端口发送 OSPF 协议报文,但这个端口地址的路由信息可以让邻居路由器学习到
```

area 0.0.0.0
    abr – summary 10.1.255.0 255.255.255.192 not – advertise //将互联网段的路由聚合后不发布。对于 abr 上的路由聚合,是对区域之间交互的三类 LSA 进行聚合。同时,如果聚合后的网段不发布给邻居路由器,那么邻居路由器的结果就是既收不到明细路由,也收不到聚合路由
    abr – summary 10.1.0.0 255.255.255.192
    network 10.1.0.1 0.0.0.0
    network 10.1.255.1 0.0.0.0
  area 0.0.0.2
    abr – summary 10.1.255.128 255.255.255.192 not – advertise
    abr – summary 10.1.0.128 255.255.255.192
    authentication – mode md5   //如果区域开启 MD5 验证,那么端口也需要开启 MD5 验证
    network 10.1.255.129 0.0.0.0
    network 10.1.255.133 0.0.0.0
#
ospf 200 router – id 10.1.0.1
  area 0.0.0.0
    network 10.1.255.193 0.0.0.0
    network 10.1.255.197 0.0.0.0
#
ip route – static 0.0.0.0 0.0.0.0 10.1.255.198 description To:RT5 – Internet
#
ntp – service authentication enable   //配置了时钟同步协议,实现设备之间的时钟同步,开启 NTP 的验证功能,提高安全性
ntp – service source – interface LoopBack0
ntp – service authentication – keyid 1 authentication – mode md5 G`M^B < SDBB[ Q = ^Q`MAF4 < 1!!   //配置 NTP 的密码
ntp – service reliable authentication – keyid 1
ntp – service unicast – server 10.1.0.130 //指定客户端服务器模式下 NTP 服务器的端口 IP 地址信息
#
ssh server enable
ssh server authentication – retries 2   //认证重试次数为两次
ssh user h3c service – type stelnet authentication – type password   //配置 SSH 的验证方式采用 password 验证
#
load xml – configuration
#
load tr069 – configuration
#
user – interface con 0
user – interface vty 0 4
  acl 3999 inbound   //对远程 SSH 连接到设备上的 IP 数据流的 IP 地址进行限制
  authentication – mode scheme

idle – timeout 3 0
protocol inbound ssh
#
return

2．RT 2 配置参考

sysname RT2
#
undo voice vlan mac – address 00e0 – bb00 – 0000
#
domain default enable system
#
ip ttl – expires enable
ip unreachables enable　　// 这两条命令可以在路由追踪中使用到，H3C 设备默认路由追踪功能是关闭的。在不输入两条命令之前，如果使用 tracert 命令，则会发现不能进行路由追踪，打开此命令之后就可以进行路由追踪。注意：要想实现路由追踪，必须沿路经过的所有路由器都输入这两条命令
#
rpr mac – address timer aging 100
#
acl number 3999 name gl
rule 10 permit ip source 10. 1. 1. 64 0. 0. 0. 63
#
vlan 1　　// VLAN 1 属于默认 VLAN，如果设备没有指定 VLAN 号，默认所有端口都属于 VLAN 1，通常情况下，数据帧在交换机里都有相应的 VLAN 号，不会是普通的数据帧
#
vlan 923
description To：L3 SW2 – Vlan923
#
vlan 924
description To：L3S1 – Vlan924
#
domain system
access – limit disable
state active
idle – cut disable
self – service – url disable
#
user – group system
#
local – user h3c
password cipher G%^B < SDBB[Q = ^Q%AF4 < 1！！
service – type ssh　　// 配置 SHH 登录的用户名和密码，SSH 设置的密码设置成了密文的密码
#
wlan rrm
dot11a mandatory – rate 6 12 24

```
    dot11a supported – rate 9 18 36 48 54
    dot11b mandatory – rate 1 2
    dot11b supported – rate 5. 5 11
    dot11g mandatory – rate 1 2 5. 5 11
    dot11g supported – rate 6 9 12 18 24 36 48 54
    #
    interface NULL0
    #
    interface LoopBack0
    description Manage – IP
    ip address 10. 1. 0. 3 255. 255. 255. 255
    #
    interface Vlan – interface923
    description To:L3S2 – SVI923 – 100M( PO100A2L03 )
    ip address 10. 1. 255. 137 255. 255. 255. 252
    ospf cost 100            // 更改 OSPF 端口的 Cost 值,端口的 Cost 更改对于从该端口接收到的路由信息,会携
带此 Cost 值,H3C 设备默认端口的 Cost 值是 1
    ospf authentication – mode md5 1 cipher G`M^B < SDBB[ Q = ^Q`MAF4 < 1!!         // 在端口上开启 OSPF
的端口验证,使用的是 MD5 验证。如果端口上使用的是 MD5 验证,那么区域在设置时也必须选择 MD5 验
证。端口开启 OSPF 验证之后,对端路由器端口的 OSPF 密码必须是一致的,只有这样 OSPF 邻居才能建立
成功
    ospf network – type p2p
    #
    interface Vlan – interface924
    description To:L3S1 – SVI924 – 100M( PO100A2L04 )
    ip address 10. 1. 255. 141 255. 255. 255. 252
    ospf cost 200            // 更改 OSPF 端口的 Cost 值,端口的 Cost 更改对于从该端口接收到的路由信息,会携
带此 Cost 值,H3C 设备默认端口的 Cost 值是 1
    ospf authentication – mode md5 1 cipher G`M^B < SDBB[ Q = ^Q`MAF4 < 1!!
    ospf network – type p2p
    #
    interface Ethernet0/ 4/ 0
    port link – mode bridge
    ipx encapsulation ethernet – 2
    #
    interface Ethernet0/ 4/ 1
    port link – mode bridge
    ipx encapsulation ethernet – 2
    #
    interface Ethernet0/ 4/ 2
    port link – mode bridge
    ipx encapsulation ethernet – 2
    #
    interface Ethernet0/ 4/ 3
    port link – mode bridge
    ipx encapsulation ethernet – 2
    #
```

```
interface Ethernet0/4/4
port link – mode bridge
ipx encapsulation ethernet – 2
#
interface Ethernet0/4/5
port link – mode bridge
ipx encapsulation ethernet – 2
#
interface Ethernet0/4/6
port link – mode bridge
ipx encapsulation ethernet – 2
#
interface Ethernet0/4/7
port link – mode bridge
ipx encapsulation ethernet – 2
#
interface Ethernet0/4/8
port link – mode bridge
ipx encapsulation ethernet – 2
#
interface Ethernet0/4/9
port link – mode bridge
ipx encapsulation ethernet – 2
#
interface Ethernet0/4/10
port link – mode bridge
ipx encapsulation ethernet – 2
#
interface Ethernet0/4/11
port link – mode bridge
ipx encapsulation ethernet – 2
#
interface Ethernet0/4/12
port link – mode bridge
ipx encapsulation ethernet – 2
#
interface Ethernet0/4/13
port link – mode bridge
ipx encapsulation ethernet – 2
#
interface Ethernet0/4/14
port link – mode bridge
ipx encapsulation ethernet – 2
#
interface Ethernet0/4/15
port link – mode bridge
ipx encapsulation ethernet – 2
```

```
#
interface Ethernet0/4/16
port link-mode bridge
ipx encapsulation ethernet-2
#
interface Ethernet0/4/17
port link-mode bridge
ipx encapsulation ethernet-2
#
interface Ethernet0/4/18
port link-mode bridge
ipx encapsulation ethernet-2
#
interface Ethernet0/4/19
port link-mode bridge
ipx encapsulation ethernet-2
#
interface Ethernet0/4/20
port link-mode bridge
description To:L3S2-E0/4/20-100M
port access vlan 923
ipx encapsulation ethernet-2
#
interface Ethernet0/4/21
port link-mode bridge
description To:L3S1-E0/4/21-100M
port access vlan 924
ipx encapsulation ethernet-2
#
interface Ethernet0/4/22
port link-mode bridge
shutdown
ipx encapsulation ethernet-2
#
interface Ethernet0/4/23
port link-mode bridge
ipx encapsulation ethernet-2
#
interface GigabitEthernet0/1/0
port link-mode route
description To:RT4-G0/1/0-1000M
#
interface GigabitEthernet0/1/0.903    //在物理端口上配置子端口,使用单臂路由技术
description To:RT4-G0/1/0.903-1000M(PO100A0L03)
vlan-type dot1q vid 903    //从 G0/1/0.903 端口发出的数据帧会强制给数据打上 VLAN 903 的VLAN 号
ip address 10.1.255.10 255.255.255.252
```

ospf cost 100   // 更改 OSPF 端口的 Cost 值，端口的 Cost 更改对于从该端口接收到的路由信息，会携带此 Cost 值，H3C 设备默认端口的 Cost 值是 1
 ospf network – type p2p
#
ospf 100 router – id 10.1.0.3
 silent – interface LoopBack0   // 对 LoopBack0 配置静默端口
 area 0.0.0.0
    abr – summary 10.1.255.0 255.255.255.192 not – advertise // 将互联网段的路由聚合后不发布
    abr – summary 10.1.0.0 255.255.255.192
    network 10.1.0.3 0.0.0.0
    network 10.1.255.10 0.0.0.0
 area 0.0.0.2
    abr – summary 10.1.255.128 255.255.255.192 not – advertise
    abr – summary 10.1.4.0 255.255.252.0 not – advertise
    abr – summary 10.1.0.128 255.255.255.192
    authentication – mode md5   // 区域开启 MD5 验证
    network 10.1.255.137 0.0.0.0
    network 10.1.255.141 0.0.0.0
#
ip ip – prefix oa index 10 permit 10.1.1.128 26
#
ntp – service authentication enable
ntp – service source – interface LoopBack0
ntp – service authentication – keyid 1 authentication – mode md5 G'M^B < SDBB[Q = ^Q'MAF4 < 1！！   // 配置 NTP 的密码
ntp – service reliable authentication – keyid 1
ntp – service unicast – server 10.1.0.130 // 指定客户端服务器模式下 NTP 服务器的端口 IP 地址信息
#
ssh server enable
ssh server authentication – retries 2   // 认证重试次数为两次
ssh user h3c service – type stelnet authentication – type password   // 配置 SSH 的验证方式采用 password 验证
#
load xml – configuration
#
load tr069 – configuration
#
user – interface con 0
user – interface vty 0 4
 acl 3999 inbound   // 对远程 SSH 连接到设备上的 IP 数据流的 IP 地址进行限制
 authentication – mode scheme
 idle – timeout 3 0
 protocol inbound ssh
#
return

3. RT 3 配置参考

```
sysname RT3
#
undo voice vlan mac – address 00e0 – bb00 – 0000
#
ike local – name rt3    // 配置本端安全网关的名字
#
domain default enable system
#
ip ttl – expires enable
ip unreachables enable    // 这两条命令可以在路由追踪中使用到，H3C 设备默认路由追踪功能是关闭的。在不输入两条命令之前，如果使用 tracert 命令，则会发现不能进行路由追踪，打开此命令之后就可以进行路由追踪。注意：要想实现路由追踪，必须沿路经过的所有路由器都输入这两条命令
#
rpr mac – address timer aging 100
#
acl number 3891 name qos    // 在 QoS 的 CBQ 上调用此命令实现对数据流的匹配，ACL 的作用就是对数据流或者路由信息识别。使用过程中需要看具体情况，在包过滤防火墙功能或者 CBQ 中主要是匹配用户数据流，而在路由过滤或者策略中，对数据流进行识别。3000 ~ 3999 的 ACL 属于高级的 ACL。
rule 10 permit ip destination 10.1.4.0 0.0.3.255
acl number 3999 name gl
rule 10 permit ip source 10.1.1.64 0.0.0.63
#
vlan 1    // VLAN 1 属于默认 VLAN，如果设备没有指定 VLAN 号，则默认所有端口都属于 VLAN 1，通常情况下，数据帧在交换机里都有相应的 VLAN 号，不会是普通的数据帧
#
vlan 912
name To:L3 S3 – Vlan912
#
domain system
access – limit disable
state active
idle – cut disable
self – service – url disable
#
ike proposal 1    // 创建 IKE 提议
encryption – algorithm 3des – cbc    // IKE 提议使用 3des – cbc 加密算法
dh group2    // 使用 DH 交换组 group2
#
ike dpd 1
#
ike peer br    // 创建 IKE 对等体
exchange – mode aggressive    // 协商模式使用野蛮模式，默认情况下使用主模式
pre – shared – key simple h3c    // 配置预共享密钥
remote – name rt6    // 配置对端安全网关的名字
```

```
nat traversal
dpd 1
#
ipsec proposal def      // 创建 IKE 提议
#
ipsec policy - template branch 1 // 使用安全模板
ike - peer br    // 引用 IKE 对等体
proposal def    // 引用安全提议
#
ipsec policy br 1 isakmp template branch    // 创建安全策略使用安全模板
#
traffic classifier oa operator and    // CBQ 当中的类,用来匹配数据流的 IP 地址信息。默认类的逻辑关
系属于 and 的关系,那么 if - match 中如果有多个条件,数据流匹配类时,必须跟类当中列出的所有 ACL 都
匹配才能属于这个类。除了 and 的逻辑关系之外还有 or 的逻辑关系,如果使用的是 or 的逻辑关系,那么数
据流只要匹配 ACL 当中任意一个 if - match 条件,就属于这个类
if - match acl 3891
#
traffic behavior oa   // 设置行为
remark dscp af41   // 把数据流重标记成按照 DSCP 的优先级设置成 af41 的优先级
car cir 2048 cbs 128000 ebs 0 green pass red discard    // 配置 car 流量监管,对数据流流限速为2MB/S,
2MB/S 以下的数据流正常通过,2MB/S 以上的数据流丢弃
#
qos policy oa
classifier oa behavior oa    // 在 QoS 策略中调用类和行为
#
user - group system
#
local - user h3c
password cipher G`M^B < SDBB[ Q = ^Q`MAF4 < 1！！
service - type ssh    // 配置 SSH 登录的用户名和密码,SSH 设置的密码设置成了密文的密码
#
wlan rrm
dot11a mandatory - rate 6 12 24
dot11a supported - rate 9 18 36 48 54
dot11b mandatory - rate 1 2
dot11b supported - rate 5.5 11
dot11g mandatory - rate 1 2 5.5 11
dot11g supported - rate 6 9 12 18 24 36 48 54
#
interface NULL0
#
interface LoopBack0
description Manage - IP
ip address 10.1.0.5 255.255.255.255
#
interface Vlan - interface912
description To:L3S3 - SVI912 - 100M(PO100A1L02)
```

```
ip address 10.1.255.69 255.255.255.252
ospf network-type p2p
#
interface Ethernet0/4/0
port link-mode bridge
ipx encapsulation ethernet-2
#
interface Ethernet0/4/1
port link-mode bridge
ipx encapsulation ethernet-2
#
interface Ethernet0/4/2
port link-mode bridge
ipx encapsulation ethernet-2
#
interface Ethernet0/4/3
port link-mode bridge
ipx encapsulation ethernet-2
#
interface Ethernet0/4/4
port link-mode bridge
ipx encapsulation ethernet-2
#
interface Ethernet0/4/5
port link-mode bridge
ipx encapsulation ethernet-2
#
interface Ethernet0/4/6
port link-mode bridge
ipx encapsulation ethernet-2
#
interface Ethernet0/4/7
port link-mode bridge
ipx encapsulation ethernet-2
#
interface Ethernet0/4/8
port link-mode bridge
ipx encapsulation ethernet-2
#
interface Ethernet0/4/9
port link-mode bridge
ipx encapsulation ethernet-2
#
interface Ethernet0/4/10
port link-mode bridge
ipx encapsulation ethernet-2
#
```

```
interface Ethernet0/4/11
port link-mode bridge
ipx encapsulation ethernet-2
#
interface Ethernet0/4/12
port link-mode bridge
ipx encapsulation ethernet-2
#
interface Ethernet0/4/13
port link-mode bridge
ipx encapsulation ethernet-2
#
interface Ethernet0/4/14
port link-mode bridge
ipx encapsulation ethernet-2
#
interface Ethernet0/4/15
port link-mode bridge
ipx encapsulation ethernet-2
#
interface Ethernet0/4/16
port link-mode bridge
ipx encapsulation ethernet-2
#
interface Ethernet0/4/17
port link-mode bridge
ipx encapsulation ethernet-2
#
interface Ethernet0/4/18
port link-mode bridge
ipx encapsulation ethernet-2
#
interface Ethernet0/4/19
port link-mode bridge
ipx encapsulation ethernet-2
#
interface Ethernet0/4/20
port link-mode bridge
ipx encapsulation ethernet-2
#
interface Ethernet0/4/21
port link-mode bridge
ipx encapsulation ethernet-2
#
interface Ethernet0/4/22
port link-mode bridge
ipx encapsulation ethernet-2
```

```
#
interface Ethernet0/4/23
port link-mode bridge
description To:L3S3-E0/4/1-100M
port access vlan 912
ipx encapsulation ethernet-2
#
interface GigabitEthernet0/1/0
port link-mode route
description To:RT1-G0/1/0-1000M
#
interface GigabitEthernet0/1/0.901    //在物理端口上配置子端口,使用单臂路由技术
description To:RT1-G0/1/0.901-1000M(PO100A0L01)
vlan-type dot1q vid 901    //从 G0/1/0.901 端口发出的数据帧会强制给数据打上 VLAN 901
的VLAN 号
ip address 10.1.255.2 255.255.255.252
ospf cost 200    //更改 OSPF 端口的 Cost 值,端口的 Cost 更改对于从该端口接收到的路由信息,会携
带此 Cost 值,H3C 设备默认端口的 Cost 值是 1
ospf network-type p2p
qos apply policy oa outbound    //CBQ 在本子端口的出方向生效
#
interface GigabitEthernet0/1/0.931
description To:RT1-G0/1/0.931-1000M(PO200A0L01)
vlan-type dot1q vid 931
ip address 10.1.255.194 255.255.255.252
ospf cost 200
ospf network-type p2p
#
interface GigabitEthernet0/1/1
port link-mode route
description To:RT5-G0/1/1-1000M(PO200A0L03)
ip address 10.1.255.201 255.255.255.252
ospf network-type p2p
ipsec policy br
#
interface GigabitEthernet0/1/2
port link-mode route
description To:RT4-G0/1/0-1000M
#
interface GigabitEthernet0/1/2.902
description To:RT4-G0/1/1.902-1000M(PO100A0L02)
vlan-type dot1q vid 902
ip address 10.1.255.5 255.255.255.252
ospf network-type p2p
#
interface GigabitEthernet0/1/2.911
description To:RT4-G0/1/1.911-1000M(PO100A1L01)
```

vlan – type dot1q vid 911
 ip address 10.1.255.65 255.255.255.252
 ospf network – type p2p
#
ospf 100 router – id 10.1.0.5
 silent – interface LoopBack0   // 对 LoopBack0 配置静默端口
 area 0.0.0.0
   abr – summary 10.1.255.0 255.255.255.192 not – advertise   // 将互联网段的路由聚合后不发布
   abr – summary 10.1.0.0 255.255.255.192
   network 10.1.0.5 0.0.0.0
   network 10.1.255.2 0.0.0.0
   network 10.1.255.5 0.0.0.0
 area 0.0.0.1
   abr – summary 10.1.255.64 255.255.255.192 not – advertise
   abr – summary 10.1.1.128 255.255.255.192
   abr – summary 10.1.1.64 255.255.255.192
   abr – summary 10.1.1.0 255.255.255.192
   abr – summary 10.1.0.64 255.255.255.192
   network 10.1.255.65 0.0.0.0
   network 10.1.255.69 0.0.0.0
#
ospf 200 router – id 10.1.0.5
 area 0.0.0.0
   network 10.1.255.194 0.0.0.0
   network 10.1.255.201 0.0.0.0
#
ip route – static 0.0.0.0 0.0.0.0 10.1.255.202 description To：RT5 – Internet
#
ntp – service authentication enable
ntp – service source – interface LoopBack0
ntp – service authentication – keyid 1 authentication – mode md5 G'M^B < SDBB[Q = ^Q'MAF4 < 1！！   //配置 NTP 的密码
ntp – service reliable authentication – keyid 1
ntp – service unicast – server 10.1.0.130 // 指定客户端服务器模式下 NTP 服务器的端口 IP 地址信息
#
ssh server enable
ssh server authentication – retries 2   // 认证重试次数为两次
ssh user h3c service – type stelnet authentication – type password   // 配置 SSH 的验证方式采用 password 验证
#
load xml – configuration
#
load tr069 – configuration
#
user – interface con 0
user – interface vty 0 4
 acl 3999 inbound   // 对远程 SSH 连接到设备上的 IP 数据流的 IP 地址进行限制

authentication – mode scheme
idle – timeout 3 0
protocol inbound ssh
#
return

4. RT 4 配置参考

sysname RT4
#
undo voice vlan mac – address 00e0 – bb00 – 0000
#
domain default enable system
#
ip ttl – expires enable
ip unreachables enable   // 这两条命令可以在路由追踪中使用到,H3C 设备默认路由追踪功能是关闭的。在不输入两条命令之前,如果使用 tracert 命令,则会发现不能进行路由追踪,打开此命令之后就可以进行路由追踪。注意:要想实现路由追踪,必须沿路经过的所有路由器都输入这两条命令
#
rpr mac – address timer aging 100
#
acl number 3999 name gl
rule 10 permit ip source 10. 1. 1. 64 0. 0. 0. 63
#
vlan 1   // VLAN 1 属于默认 VLAN,如果设备没有指定 VLAN 号,则默认所有端口都属于 VLAN 1,通常情况下,数据帧在交换机里都有相应的 VLAN 号,不会是普通的数据帧
#
vlan 913
name To:L3 S3 – Vlan913
#
domain system
access – limit disable
state active
idle – cut disable
self – service – url disable
#
user – group system
#
local – user h3c
password cipher G`M^B < SDBB[ Q = ^Q`MAF4 < 1 ! !
service – type ssh   // 配置 SSH 登录的用户名和密码,SSH 设置的密码设置成了密文的密码
#
wlan rrm
dot11a mandatory – rate 6 12 24
dot11a supported – rate 9 18 36 48 54
dot11b mandatory – rate 1 2
dot11b supported – rate 5. 5 11

dot11g mandatory – rate 1 2 5. 5 11
dot11g supported – rate 6 9 12 18 24 36 48 54
#
interface NULL0
#
interface LoopBack0
description Manage – IP
ip address 10. 1. 0. 7 255. 255. 255. 255
#
interface Vlan – interface913
description To：L3S3 – SVI913 – 100M(PO100A1L03)
ip address 10. 1. 255. 73 255. 255. 255. 252
ospf network – type p2p
#
interface Ethernet0/ 4/ 0
port link – mode bridge
ipx encapsulation ethernet – 2
#
interface Ethernet0/ 4/ 1
port link – mode bridge
ipx encapsulation ethernet – 2
#
interface Ethernet0/ 4/ 2
port link – mode bridge
ipx encapsulation ethernet – 2
#
interface Ethernet0/ 4/ 3
port link – mode bridge
ipx encapsulation ethernet – 2
#
interface Ethernet0/ 4/ 4
port link – mode bridge
ipx encapsulation ethernet – 2
#
interface Ethernet0/ 4/ 5
port link – mode bridge
ipx encapsulation ethernet – 2
#
interface Ethernet0/ 4/ 6
port link – mode bridge
ipx encapsulation ethernet – 2
#
interface Ethernet0/ 4/ 7
port link – mode bridge
ipx encapsulation ethernet – 2
#
interface Ethernet0/ 4/ 8

```
port link - mode bridge
ipx encapsulation ethernet - 2
#
interface Ethernet0/4/9
port link - mode bridge
ipx encapsulation ethernet - 2
#
interface Ethernet0/4/10
port link - mode bridge
ipx encapsulation ethernet - 2
#
interface Ethernet0/4/11
port link - mode bridge
ipx encapsulation ethernet - 2
#
interface Ethernet0/4/12
port link - mode bridge
ipx encapsulation ethernet - 2
#
interface Ethernet0/4/13
port link - mode bridge
ipx encapsulation ethernet - 2
#
interface Ethernet0/4/14
port link - mode bridge
ipx encapsulation ethernet - 2
#
interface Ethernet0/4/15
port link - mode bridge
ipx encapsulation ethernet - 2
#
interface Ethernet0/4/16
port link - mode bridge
ipx encapsulation ethernet - 2
#
interface Ethernet0/4/17
port link - mode bridge
ipx encapsulation ethernet - 2
#
interface Ethernet0/4/18
port link - mode bridge
ipx encapsulation ethernet - 2
#
interface Ethernet0/4/19
port link - mode bridge
ipx encapsulation ethernet - 2
#
```

```
interface Ethernet0/4/20
port link – mode bridge
ipx encapsulation ethernet – 2
#
interface Ethernet0/4/21
port link – mode bridge
ipx encapsulation ethernet – 2
#
interface Ethernet0/4/22
port link – mode bridge
ipx encapsulation ethernet – 2
#
interface Ethernet0/4/23
port link – mode bridge
description To:L3S3 – E0/4/2 – 100M
port access vlan 913
ipx encapsulation ethernet – 2
#
interface GigabitEthernet0/1/0
port link – mode route
description To:RT2 – G0/1/0 – 1000M
#
interface GigabitEthernet0/1/0.903    //在物理端口上配置子端口,使用单臂路由技术
description To:RT2 – G0/1/0.903 – 1000M(PO100A0L03)
vlan – type dot1q vid 903    //从 G0/1/0.903 端口发出的数据帧会强制给数据打上 VLAN 903 的 VLAN 号
ip address 10.1.255.9 255.255.255.252
ospf cost 100
ospf network – type p2p
#
interface GigabitEthernet0/1/1
port link – mode route
description To:RT3 – G0/1/2 – 1000M
#
interface GigabitEthernet0/1/1.902
description To:RT3 – G0/1/1.902 – 1000M(PO100A0L02)
vlan – type dot1q vid 902
ip address 10.1.255.6 255.255.255.252
ospf network – type p2p
#
interface GigabitEthernet0/1/1.911
description To:RT2 – G0/1/2.911 – 1000M(PO100A1L01)
vlan – type dot1q vid 911
ip address 10.1.255.66 255.255.255.252
ospf network – type p2p
#
ospf 100 router – id 10.1.0.7
```

```
    silent-interface LoopBack0      // 对 LoopBack0 配置静默端口
  area 0.0.0.0
    abr-summary 10.1.255.0 255.255.255.192 not-advertise  // 将互联网段的路由聚合后不发布
    abr-summary 10.1.0.0 255.255.255.192
    network 10.1.255.9 0.0.0.0
    network 10.1.0.7 0.0.0.0
    network 10.1.255.6 0.0.0.0
  area 0.0.0.1
    abr-summary 10.1.255.64 255.255.255.192 not-advertise
    abr-summary 10.1.1.128 255.255.255.192 not-advertise
    abr-summary 10.1.1.64 255.255.255.192
    abr-summary 10.1.1.0 255.255.255.192
    abr-summary 10.1.0.64 255.255.255.192
    network 10.1.255.66 0.0.0.0
    network 10.1.255.73 0.0.0.0
#
ip route-static 0.0.0.0 0.0.0.0 10.1.255.65 description To:RT3-Internet
#
ntp-service authentication enable
ntp-service source-interface LoopBack0
ntp-service authentication-keyid 1 authentication-mode md5 G'M^B<SDBB[Q=^Q'MAF4<1!!     //配置 NTP 的密码
ntp-service reliable authentication-keyid 1
ntp-service unicast-server 10.1.0.130 // 指定客户端服务器模式下 NTP 服务器的端口 IP 地址信息
#
ssh server enable
ssh server authentication-retries 2      // 认证重试次数为两次
ssh user h3c service-type stelnet authentication-type password     // 配置 SSH 的验证方式采用 password 验证
#
load xml-configuration
#
load tr069-configuration
#
user-interface con 0
user-interface vty 0 4
 acl 3999 inbound           // 对远程 SSH 连接到设备上的 IP 数据流的 IP 地址进行限制
 authentication-mode scheme
 idle-timeout 3 0
 protocol inbound ssh
#
return
```

5. RT 5 配置参考

```
sysname RT5
#
```

undo voice vlan mac – address 00e0 – bb00 – 0000
#
domain default enable system
#
ip ttl – expires enable
ip unreachables enable   // 这两条命令可以在路由追踪中使用到,H3C 设备默认路由追踪功能是关闭的。在不输入两条命令之前,如果使用 tracert 命令,则会发现不能进行路由追踪,打开此命令之后就可以进行路由追踪。注意:要想实现路由追踪,必须沿路经过的所有路由器都输入这两条命令
#
rpr mac – address timer aging 100
#
acl number 3991 name nat match – order auto   // 自动排序(auto),按照"深度优先"的顺序进行规则匹配,即地址范围小的规则被优先进行匹配
 rule 10 permit ip source 10. 1. 4. 0 0. 0. 3. 255
 acl number 3999 name gl
 rule 10 permit ip source 10. 1. 1. 64 0. 0. 0. 63
#
vlan 1   // VLAN 1 属于默认 VLAN,如果设备没有指定 VLAN 号,则默认所有端口都属于 VLAN 1,通常情况下,数据帧在交换机里都有相应的 VLAN 号,不会是普通的数据帧
#
#
dhcp server ip – pool oa – 1   // 创建 DHCP 地址池
network 10. 1. 4. 0 mask 255. 255. 255. 0   // 配置动态分配的 IP 地址范围
gateway – list 10. 1. 4. 254   // 配置为 DHCP 客户端分配的网关地址
domain – name OA
#
dhcp server ip – pool oa – 2
network 10. 1. 5. 0 mask 255. 255. 255. 0
gateway – list 10. 1. 5. 254
domain – name OA
#
user – group system
#
local – user h3c
password cipher G`M^B < SDBB[ Q = ^Q`MAF4 < 1 ! !
service – type ssh   // 配置 SSH 登录的用户名和密码,SSH 设置的密码设置成了密文的密码。
local – user rt1
password cipher G`M^B < SDBB[ Q = ^Q`MAF4 < 1 ! !
service – type ppp   // 配置 PPP 的用户名和密码
#
interface Serial0/ 2/ 0
description To:RT1 – S0/ 2/ 0 – 64K
link – protocol ppp
ppp authentication – mode chap   // 端口开启 PPP 的 CHAP 验证
ppp chap user rt5   // 在端口设置 CHAP 账号和密码
ppp chap password cipher G`M^B < SDBB[ Q = ^Q`MAF4 < 1 ! !
ppp mp Mp – group 1   // 将端口加入到 MP 组,同时开启 CHAP 认证

```
#
interface Serial0/2/1
 description To:RT1-S0/2/1-64K
 link-protocol ppp
 ppp authentication-mode chap
 ppp chap user rt5
 ppp chap password cipher GM^B<SDBB[Q=^QMAF4<1!!
 ppp mp Mp-group 1
#
interface Mp-group1      //创建 MP 组
 description To:RT1-MP1-128K(PO200A0L02)
 ip address 10.1.255.198 255.255.255.252
 ospf network-type p2p
#
interface NULL0
#
interface LoopBack0
 description Manage-IP
 ip address 10.1.0.193 255.255.255.255
#
#
interface GigabitEthernet0/1/0
 port link-mode route
 description To:ISP-G0/1/0-1000M
 nat outbound 3991      //端口下配置地址转换
 nat server 1 protocol 50 global current-interface inside 10.1.255.201 description ESP
 nat server 2 protocol 51 global current-interface inside 10.1.255.201 description AH
 nat server 3 protocol tcp global current-interface 500 inside 10.1.255.201 500
 nat server 4 protocol udp global current-interface 500 inside 10.1.255.201 500
 nat server 5 protocol tcp global current-interface 4500 inside 10.1.255.201 4500
 nat server 6 protocol udp global current-interface ntp inside 10.1.0.130 ntp
 ip address 221.12.4.5 255.255.255.0
#
interface GigabitEthernet0/1/1
 port link-mode route
 description To:RT3-G0/1/1-1000M(PO200A0L03)
 ip address 10.1.255.202 255.255.255.252
 ospf network-type p2p
#
ospf 200 router-id 10.1.0.193
 silent-interface LoopBack0     //对 LoopBack0 配置静默端口
 area 0.0.0.0
  network 10.1.255.202 0.0.0.0
  network 10.1.0.193 0.0.0.0
  network 10.1.255.198 0.0.0.0
#
ip route-static 0.0.0.0 0.0.0.0 221.12.4.254 description To:ISP
```

ip route – static 10.1.0.130 255.255.255.255 10.1.255.197 description NTP
ip route – static 10.1.1.0 255.255.255.0 10.1.255.201 description To:Servers
ip route – static 10.1.4.0 255.255.252.0 10.1.255.197 description To:OA – PCs
ip route – static 10.1.8.0 255.255.252.0 10.1.255.197 description To:Produce – PCs
#
dhcp server detect
#
dhcp enable   // 使用 DHCP
#
ntp – service authentication enable
ntp – service source – interface LoopBack0
ntp – service authentication – keyid 1 authentication – mode md5 G'M^B < SDBB[Q = ^Q'MAF4 < 1！！   // 配置 NTP 的密码
ntp – service reliable authentication – keyid 1
ntp – service unicast – server 10.1.0.130 // 指定客户端服务器模式下 NTP 服务器的端口 IP 地址信息
#
ssh server enable
ssh server authentication – retries 2   // 认证重试次数为两次
ssh user h3c service – type stelnet authentication – type password   // 配置 SSH 的验证方式采用 password 验证
#
load xml – configuration
#
load tr069 – configuration
#
user – interface con 0
user – interface vty 0 4
acl 3999 inbound   // 对远程 SSH 连接到设备上的 IP 数据流的 IP 地址进行限制
authentication – mode scheme
idle – timeout 3 0
protocol inbound ssh
#
return

6. RT 6 配置参考

sysname RT 6
#
undo voice vlan mac – address 00e0 – bb00 – 0000
#
ike local – name rt6   // 配置本端安全网关的名字
#
firewall enable
#
domain default enable system
#
ip ttl – expires enable

```
ip unreachables enable        // 这两条命令可以在路由追踪中使用到,H3C 设备默认路由追踪功能是关
闭的。在不输入两条命令之前,如果使用 tracert 命令,则会发现不能进行路由追踪,打开此命令之后就可以
进行路由追踪。注意:要想实现路由追踪,必须沿路经过的所有路由器都输入这两条命令
#
rpr mac – address timer aging 100
#
acl number 2991 name dialer
 rule 10 permit
#
acl number 3991 name nat match – order auto    // 自动排序(auto),按照"深度优先"的顺序进行规则匹
配,即地址范围小的规则被优先进行匹配
 rule 20 deny ip source 10.1.101.0 0.0.0.255 destination 10.1.1.128 0.0.0.63
 rule 10 permit ip source 10.1.101.0 0.0.0.255
acl number 3992 name ipsec
 rule 10 permit ip source 10.1.101.0 0.0.0.255 destination 10.1.1.128 0.0.0.63
#
vlan 1       // VLAN 1 属于默认 VLAN,如果设备没有指定 VLAN 号,则默认所有端口都属于 VLAN 1,
通常情况下,数据帧在交换机里都有相应的 VLAN 号,不会是普通的数据帧
#
domain system
 access – limit disable
 state active
 idle – cut disable
 self – service – url disable
#
ike proposal 1     // 创建 IKE 提议
 encryption – algorithm 3des – cbc     // IKE 提议使用 3DES – CBC 加密算法
 dh group2    // 使用 DH 交换组 group2
#
ike dpd 1
#
ike peer rt3    // 创建 IKE 对等体
 exchange – mode aggressive        // 协商模式使用野蛮模式,默认情况下使用主模式
 pre – shared – key simple h3c        // 配置预共享密钥
 remote – name rt3       // 配置对端安全网关的名字
 remote – address 221.12.4.5       // 配置对端安全网关的 IP 地址
 nat traversal     // NAT 穿越
 dpd 1
#
ipsec proposal def    // 创建 IKE 提议
#
ipsec policy core 1 isakmp     // 创建安全策略
 security acl 3992     // 配置安全策略引用的 ACL
 ike – peer rt3    // 引用 IKE 对等体
 proposal def    // 引用安全提议
#
user – group system
```

```
#
wlan rrm
dot11a mandatory – rate 6 12 24
dot11a supported – rate 9 18 36 48 54
dot11b mandatory – rate 1 2
dot11b supported – rate 5.5 11
dot11g mandatory – rate 1 2 5.5 11
dot11g supported – rate 6 9 12 18 24 36 48 54
#
interface Dialer1
 description To:ISP – VirtualTemplate1
 nat outbound 3991
 link – protocol ppp
 ppp chap user h3c
 ppp chap password cipher G'M^B < SDBB[ Q = ^Q'MAF4 < 1 ! !
 ip address ppp – negotiate
 dialer user h3c
 dialer – group 1
 dialer bundle 1
 ipsec policy core
#
interface Atm0/3/0
 description To:ISP – ATM0/3/0
 pvc 0/35
    map bridge Virtual – Ethernet 1
#
interface Virtual – Ethernet1
 description To:ISP – VirtualEthernet1
 pppoe – client dial – bundle – number 1
#
interface NULL0
#
interface LoopBack101
 description PCs
 ip address 10.1.101.1 255.255.255.255
#
interface Ethernet0/4/0
 port link – mode bridge
 ipx encapsulation ethernet – 2
#
interface Ethernet0/4/1
 port link – mode bridge
 ipx encapsulation ethernet – 2
#
interface Ethernet0/4/2
 port link – mode bridge
 ipx encapsulation ethernet – 2
```

```
#
interface Ethernet0/4/3
port link - mode bridge
ipx encapsulation ethernet - 2
#
interface Ethernet0/4/4
port link - mode bridge
ipx encapsulation ethernet - 2
#
interface Ethernet0/4/5
port link - mode bridge
ipx encapsulation ethernet - 2
#
interface Ethernet0/4/6
port link - mode bridge
ipx encapsulation ethernet - 2
#
interface Ethernet0/4/7
port link - mode bridge
ipx encapsulation ethernet - 2
#
interface Ethernet0/4/8
port link - mode bridge
ipx encapsulation ethernet - 2
#
interface Ethernet0/4/9
port link - mode bridge
ipx encapsulation ethernet - 2
#
interface Ethernet0/4/10
port link - mode bridge
ipx encapsulation ethernet - 2
#
interface Ethernet0/4/11
port link - mode bridge
ipx encapsulation ethernet - 2
#
interface Ethernet0/4/12
port link - mode bridge
ipx encapsulation ethernet - 2
#
interface Ethernet0/4/13
port link - mode bridge
ipx encapsulation ethernet - 2
#
interface Ethernet0/4/14
port link - mode bridge
```

ipx encapsulation ethernet – 2
#
interface Ethernet0/ 4/ 15
port link – mode bridge
ipx encapsulation ethernet – 2
#
interface Ethernet0/ 4/ 16
port link – mode bridge
ipx encapsulation ethernet – 2
#
interface Ethernet0/ 4/ 17
port link – mode bridge
ipx encapsulation ethernet – 2
#
interface Ethernet0/ 4/ 18
port link – mode bridge
ipx encapsulation ethernet – 2
#
interface Ethernet0/ 4/ 19
port link – mode bridge
ipx encapsulation ethernet – 2
#
interface Ethernet0/ 4/ 20
port link – mode bridge
ipx encapsulation ethernet – 2
#
interface Ethernet0/ 4/ 21
port link – mode bridge
ipx encapsulation ethernet – 2
#
interface Ethernet0/ 4/ 22
port link – mode bridge
ipx encapsulation ethernet – 2
#
interface Ethernet0/ 4/ 23
port link – mode bridge
ipx encapsulation ethernet – 2
#
ip route – static 0. 0. 0. 0 0. 0. 0. 0 Dialer1 description To:Internet
#
ntp – service authentication enable
ntp – service authentication – keyid 1 authentication – mode md5 G`M^B < SDBB[ Q = ^Q`MAF4 < 1!!   //配置 NTP 的密码
ntp – service reliable authentication – keyid 1
ntp – service unicast – server 221. 12. 4. 5 // 指定客户端服务器模式下 NTP 服务器的端口 IP 地址信息
#
dialer – rule 1 acl 2991

#
load xml – configuration
#
load tr069 – configuration
#
user – interface con 0
user – interface vty 0 4
#
return

7. L3-1 配置参考

sysname L3 – 1
#
undo voice vlan mac – address 00e0 – bb00 – 0000
#
dhcp relay server – group 1 ip 10. 1. 0. 193   // 配置 DHCP 服务器组中 DHCP 服务器的 IP 地址
dhcp relay server – detect
#
firewall enable
#
domain default enable system
#
ip ttl – expires enable
ip unreachables enable   // 这两条命令可以在路由追踪中使用到，H3C 设备默认路由追踪功能是关闭的。在不输入两条命令之前，如果使用 tracert 命令，则会发现不能进行路由追踪，打开此命令之后就可以进行路由追踪。注意：要想实现路由追踪，必须沿路经过的所有路由器都输入这两条命令
#
rpr mac – address timer aging 100
#
acl number 3891 name qos   // 在 QoS 的 CBQ 上调用此命令实现对数据流的匹配，ACL 的作用就是对数据流或者路由信息识别。使用过程中需要看具体情况，在包过滤防火墙功能或者 CBQ 中主要是匹配用户数据流，而在路由过滤或者策略中，对数据流进行识别。3000～3999 的 ACL 属于高级的 ACL
rule 10 permit ip source 10. 1. 4. 0 0. 0. 3. 255
acl number 3999 name gl
rule 10 permit ip source 10. 1. 1. 64 0. 0. 0. 63
#
vlan 1   // VLAN 1 属于默认 VLAN，如果设备没有指定 VLAN 号，则默认所有端口都属于 VLAN 1，通常情况下，数据帧在交换机里都有相应的 VLAN 号，不会是普通的数据帧
#
vlan 10
description OA – 1
#
vlan 20
description OA – 2
#
vlan 30

```
description Produce
#
vlan 921
description To:RT1-Vlan921
#
vlan 924
description To:RT2-Vlan924
#
vlan 925
description To:L3S2-Vlan925
#
vlan 1000
description Manage-Vlan
#
domain system
 access-limit disable
 state active
 idle-cut disable
 self-service-url disable
#
traffic classifier oa operator and     // CBQ 当中的类,用来匹配数据流的 IP 地址信息。默认类的逻辑关
系属于 and 的关系,那么 if-match 中如果有多个条件,数据流匹配类时,必须跟类当中列出的所有 ACL 都
匹配才能属于这个类。除了 and 的逻辑关系之外还有 or 的逻辑关系,如果使用的是 or 的逻辑关系,那么数
据流只要匹配 ACL 当中任意一个 if-match 条件,就属于这个类
 if-match acl 3891
#
traffic behavior oa    // 设置行为
 remark dscp af41    // 把数据流重标记成按照 DSCP 的优先级设置成 af41 的优先级
#
qos policy oa
 classifier oa behavior oa     // 在 QoS 策略中调用类和行为
#
user-group system
#
local-user h3c
 password cipher G'M^B<SDBB[Q=^Q'MAF4<1!!
 service-type ssh       // 配置 SSH 登录的用户名和密码,SSH 设置的密码设置成了密文的密码
#
 stp instance 1 root secondary
 stp instance 2 root secondary   // 配置本交换机为 MSTP 实例 1 和实例 2 的备份根桥
 stp enable   // 开启 stp
#
stp region-configuration
 region-name h3c             // 配置 MSTP 域名
 instance 1 vlan 10 1000
 instance 2 vlan 20         // 配置 MSTP 实例映射关系
 active region-configuration    // 激活 MSTP 配置
#
```

```
wlan rrm
dot11a mandatory – rate 6 12 24
dot11a supported – rate 9 18 36 48 54
dot11b mandatory – rate 1 2
dot11b supported – rate 5.5 11
dot11g mandatory – rate 1 2 5.5 11
dot11g supported – rate 6 9 12 18 24 36 48 54
#
interface Bridge – Aggregation1          // 配置链路聚合端口
description To:L3S2 – BAG1 – 200M
port link – type trunk
undo port trunk permit vlan 1
port trunk permit vlan 10 20 30 925 1000 to 1002
link – aggregation mode dynamic
ipx encapsulation ethernet – 2
smart – link flush enable control – vlan 1001 to 1002  // 配置 Smart Link 的控制 VLAN
#
interface NULL0
#
interface LoopBack0
description Manage – IP
ip address 10.1.0.130 255.255.255.255
#
interface Vlan – interface10
description OA – 1 – Gate – 1
ip address 10.1.4.252 255.255.255.0
vrrp vrid 1 virtual – ip 10.1.4.254    // 配置 VRRP 虚拟地址
vrrp vrid 1 authentication – mode md5 G'M^B<SDBB[Q=^Q'MAF4<1!!         // 配置 VRRP 验证
dhcp select relay
dhcp relay server – select 1        // 在端口下开启 DHCP 中继功能
qos apply policy oa inbound         // 在端口下调用 QoS policy
#
interface Vlan – interface20
description OA – 2 – Gate – 1
ip address 10.1.5.252 255.255.255.0
vrrp vrid 1 virtual – ip 10.1.5.254
vrrp vrid 1 authentication – mode md5 G'M^B<SDBB[Q=^Q'MAF4<1!!
dhcp select relay
dhcp relay server – select 1        // 在端口下开启 DHCP 中继功能
qos apply policy oa inbound         // 在端口下调用 QoS policy
#
interface Vlan – interface30
description Produce – Gate – 1
ip address 10.1.8.253 255.255.255.0
vrrp vrid 1 virtual – ip 10.1.8.251
vrrp vrid 1 priority 120
vrrp vrid 1 preempt – mode timer delay 2
```

vrrp vrid 1 authentication – mode md5 G'M^B < SDBB[Q = ^Q'MAF4 < 1 ! !
vrrp vrid 2 virtual – ip 10. 1. 8. 252
vrrp vrid 2 authentication – mode md5 G'M^B < SDBB[Q = ^Q'MAF4 < 1 ! !
#
interface Vlan – interface921
description To:RT1 – SVI921 – 100M(PO100A2L01)
ip address 10. 1. 255. 130 255. 255. 255. 252
ospf cost 200
ospf authentication – mode md5 1 cipher G'M^B < SDBB[Q = ^Q'MAF4 < 1 ! !
ospf network – type p2p   // 修改 OSPF 端口类型,优化 OSPF 配置
#
interface Vlan – interface924
description To:RT2 – SVI924 – 100M(PO100A2L04)
ip address 10. 1. 255. 142 255. 255. 255. 252
ospf authentication – mode md5 1 cipher G'M^B < SDBB[Q = ^Q'MAF4 < 1 ! !
ospf network – type p2p
#
interface Vlan – interface925
description To:L3S2 – SVI925 – 200M(PO100A2L05)
ip address 10. 1. 255. 146 255. 255. 255. 252
ospf cost 50
ospf authentication – mode md5 1 cipher G'M^B < SDBB[Q = ^Q'MAF4 < 1 ! ! // 在端口上开启 OSPF 的端口验证,使用的是 MD5 验证。如果端口上使用的是 MD5 验证,那么区域在设置时也必须选择 MD5 验证。端口开启 OSPF 验证之后,对端路由器端口的 OSPF 密码必须是一致的,只有这样 OSPF 邻居才能建立成功
ospf network – type p2p
#
interface Vlan – interface1000
description L2SW – Manage – Vlan – Gate1
ip address 10. 1. 0. 161 255. 255. 255. 224
#
interface Ethernet0/ 4/ 0
port link – mode bridge
ipx encapsulation ethernet – 2
#
interface Ethernet0/ 4/ 1
port link – mode bridge
description To:L2S1 – E0/ 4/ 1 – 100M
port link – type trunk
undo port trunk permit vlan 1
port trunk permit vlan 30 1000 to 1002
port trunk pvid vlan 30
ipx encapsulation ethernet – 2
smart – link flush enable control – vlan 1001 to 1002
#
interface Ethernet0/ 4/ 2
port link – mode bridge

```
 description To:L2S3 - E0/4/1 - 100M
 port link - type trunk
 undo port trunk permit vlan 1
 port trunk permit vlan 10 20 1000
 ipx encapsulation ethernet - 2
 stp root - protection
#
 interface Ethernet0/4/3
 port link - mode bridge
 ipx encapsulation ethernet - 2
#
 interface Ethernet0/4/4
 port link - mode bridge
 ipx encapsulation ethernet - 2
#
 interface Ethernet0/4/5
 port link - mode bridge
 ipx encapsulation ethernet - 2
#
 interface Ethernet0/4/6
 port link - mode bridge
 ipx encapsulation ethernet - 2
#
 interface Ethernet0/4/7
 port link - mode bridge
 ipx encapsulation ethernet - 2
#
 interface Ethernet0/4/8
 port link - mode bridge
 ipx encapsulation ethernet - 2
#
 interface Ethernet0/4/9
 port link - mode bridge
 ipx encapsulation ethernet - 2
#
 interface Ethernet0/4/10
 port link - mode bridge
 ipx encapsulation ethernet - 2
#
 interface Ethernet0/4/11
 port link - mode bridge
 ipx encapsulation ethernet - 2
#
 interface Ethernet0/4/12
 port link - mode bridge
 ipx encapsulation ethernet - 2
#
```

```
interface Ethernet0/4/13
port link-mode bridge
ipx encapsulation ethernet-2
#
interface Ethernet0/4/14
port link-mode bridge
ipx encapsulation ethernet-2
#
interface Ethernet0/4/15
port link-mode bridge
ipx encapsulation ethernet-2
#
interface Ethernet0/4/16
port link-mode bridge
ipx encapsulation ethernet-2
#
interface Ethernet0/4/17
port link-mode bridge
ipx encapsulation ethernet-2
#
interface Ethernet0/4/18
port link-mode bridge
ipx encapsulation ethernet-2
#
interface Ethernet0/4/19
port link-mode bridge
ipx encapsulation ethernet-2
#
interface Ethernet0/4/20
port link-mode bridge
description To:RT1-E0/4/20-100M
port access vlan 921
ipx encapsulation ethernet-2
#
interface Ethernet0/4/21
port link-mode bridge
description To:RT2-E0/4/21-100M
port access vlan 924
ipx encapsulation ethernet-2
#
interface Ethernet0/4/22
port link-mode bridge
description To:L3S2-E0/4/22-100M
port link-type trunk
undo port trunk permit vlan 1
port trunk permit vlan 10 20 30 925 1000 to 1002
ipx encapsulation ethernet-2
```

```
    port link - aggregation group 1
#
interface Ethernet0/4/23
    port link - mode bridge
    description To:L3S2 - E0/4/23 - 100M
    port link - type trunk
    undo port trunk permit vlan 1
    port trunk permit vlan 10 20 30 925 1000 to 1002
    ipx encapsulation ethernet - 2
    port link - aggregation group 1
#
ospf 100 router - id 10.1.0.130
    silent - interface LoopBack0
    silent - interface Vlan - interface10
    silent - interface Vlan - interface20
    silent - interface Vlan - interface30
    silent - interface Vlan - interface1000
    area 0.0.0.2
        authentication - mode md5    //区域开启 MD5 验证
        network 10.1.0.130 0.0.0.0
        network 10.1.4.0 0.0.0.255
        network 10.1.5.0 0.0.0.255
        network 10.1.8.0 0.0.0.255
        network 10.1.255.130 0.0.0.0
        network 10.1.255.142 0.0.0.0
        network 10.1.255.146 0.0.0.0
        network 10.1.0.160 0.0.0.31
#
nqa entry dr dr
    type icmp - echo
        description Detect - L3S2 < - > RT1
        destination ip 10.1.255.133
        history - record enable
        history - record number 10
        reaction 1 checked - element probe - fail threshold - type consecutive 1 action - type none
        source ip 10.1.255.146
#
ip route - static 0.0.0.0 0.0.0.0 10.1.255.129 description To:RT1 - Internet
ip route - static 0.0.0.0 0.0.0.0 10.1.255.145 track 1 preference 120 description To:L3S2 - Internet - Backup
    #
    snmp - agent
    snmp - agent local - engineid 800063A2030000056080000
    snmp - agent community read public
    snmp - agent community write private
    snmp - agent sys - info contact Mr. z 010 - xxxxxxxx
    snmp - agent sys - info location SDDS - 10F - 104Room
```

```
snmp-agent sys-info version v3
snmp-agent group v3 h3c
snmp-agent usm-user v3 h3clab h3c authentication-mode sha /@U^]0_PMV!%Z=Y5^12K#Q$Z>M)! privacy-mode 3des /@U^]0_PMV!%Z=Y5^12K#Q$Z
#
track 1 nqa entry dr dr reaction 1
#
dhcp enable
#
nqa schedule dr dr start-time now lifetime forever
#
ntp-service authentication enable
ntp-service source-interface LoopBack0
ntp-service authentication-keyid 1 authentication-mode md5 G'M^B<SDBB[Q=^Q'MAF4<1!!    //配置NTP的密码
ntp-service reliable authentication-keyid 1
ntp-service refclock-master
#
ssh server enable
ssh server authentication-retries 2      //认证重试次数为两次
ssh user h3c service-type stelnet authentication-type password    //配置SSH的验证方式采用password验证
#
load xml-configuration
#
load tr069-configuration
#
user-interface con 0
user-interface vty 0 4
 acl 3999 inbound       //只允许特定的网段能够远程访问此设备
 authentication-mode scheme
 idle-timeout 3 0
 protocol inbound ssh    //只允许采用SSH登录
#
return
```

8. L3-2 配置参考

```
sysname L3-2
#
undo voice vlan mac-address 00e0-bb00-0000
#
dhcp relay server-group 1 ip 10.1.0.193
dhcp relay server-detect      //配置DHCP中继,指明DHCP服务器地址
#
domain default enable system
#
```

ip ttl – expires enable
ip unreachables enable   // 这两条命令可以在路由追踪中使用到,H3C 设备默认路由追踪功能是关闭的。在不输入两条命令之前,如果使用 tracert 命令,则会发现不能进行路由追踪,打开此命令之后就可以进行路由追踪。注意:要想实现路由追踪,必须沿路经过的所有路由器都输入这两条命令
#
rpr mac – address timer aging 100
#
acl number 3891 name qos   // 在 QoS 的 CBQ 上调用此命令实现对数据流的匹配,ACL 的作用就是对数据流或者路由信息识别。使用过程中需要看具体情况,在包过滤防火墙功能或者 CBQ 中主要是匹配用户数据流,而在路由过滤或者策略中,对数据流进行识别。3000~3999 的 ACL 属于高级的 ACL
rule 10 permit ip source 10.1.4.0 0.0.3.255
acl number 3999 name gl
rule 10 permit ip source 10.1.1.64 0.0.0.63
#
vlan 1   // VLAN 1 属于默认 VLAN,如果设备没有指定 VLAN 号,则默认所有端口都属于 VLAN 1,通常情况下,数据帧在交换机里都有相应的 VLAN 号,不会是普通的数据帧
#
vlan 10
description OA – 1
#
vlan 20
description OA – 2
#
vlan 30
description Produce
#
vlan 922
description To:RT1 – Vlan922
#
vlan 923
description To:RT2 – Vlan923
#
vlan 925
description To:L3S1 – Vlan925
#
vlan 1000
description Manage – Vlan
#
domain system
access – limit disable
state active
idle – cut disable
self – service – url disable
#
traffic classifier oa operator and   // CBQ 当中的类,用来匹配数据流的 IP 地址信息。默认类的逻辑关系属于 and 的关系,那么 if – match 中如果有多个条件,数据流匹配类时,必须跟类当中列出的所有 ACL 都匹配才能属于这个类。除了 and 的逻辑关系之外还有 or 的逻辑关系,如果使用的是 or 的逻辑关系,那么数

据流只要匹配 ACL 当中任意一个 if – match 条件,就属于这个类
　　if – match acl 3891
　　#
　　traffic behavior oa　　// 设置行为
　　remark dscp af41　　// 把数据流重标记成按照 DSCP 的优先级设置成 af41 的优先级
　　#
　　qos policy oa
　　classifier oa behavior oa　　　　// 在 QoS 策略中调用类和行为
　　#
　　user – group system
　　#
　　local – user h3c
　　password cipher G˙M^B < SDBB[Q = ^Q˙MAF4 < 1！！
　　service – type ssh　　// 配置 SSH 登录的用户名和密码,SSH 设置的密码设置成了密文的密码
　　#
　　stp instance 1 root primary　　// 配置交换机为实例 1 的首选根桥
　　stp instance 2 root primary　　// 配置交换机为实例 2 的备份根桥
　　stp enable　　// 开启 stp
　　stp region – configuration　　// 进入区域配置视图
　　region – name h3c　　// 配置域名
　　instance 1 vlan 10 1000
　　instance 2 vlan 20　　// 配置 VLAN 和实例的映射
　　active region – configuration　　// 激活区域配置
　　#
　　wlan rrm
　　dot11a mandatory – rate 6 12 24
　　dot11a supported – rate 9 18 36 48 54
　　dot11b mandatory – rate 1 2
　　dot11b supported – rate 5.5 11
　　dot11g mandatory – rate 1 2 5.5 11
　　dot11g supported – rate 6 9 12 18 24 36 48 54
　　#
　　interface Bridge – Aggregation1
　　description To：L3S1 – BAG1 – 200M
　　port link – type trunk
　　undo port trunk permit vlan 1　　// 防止实例 0 产生环路
　　port trunk permit vlan 10 20 925 1000 to 1002
　　link – aggregation mode dynamic　　// 动态链路聚合
　　ipx encapsulation ethernet – 2
　　smart – link flush enable control – vlan 1001 to 1002　　// 允许控制 VLAN 报文通过
　　#
　　interface NULL0
　　#
　　interface LoopBack0
　　description Manage – IP
　　ip address 10.1.0.132 255.255.255.255
　　#

```
interface Vlan-interface10
description OA-1-Gate-1
ip address 10.1.4.251 255.255.255.0
vrrp vrid 1 virtual-ip 10.1.4.254
vrrp vrid 1 priority 120
vrrp vrid 1 preempt-mode timer delay 2
vrrp vrid 1 authentication-mode md5 G'M^B<SDBB[Q=^Q'MAF4<1!!
dhcp select relay
dhcp relay server-select 1      // 在端口下开启 DHCP 中继功能
qos apply policy oa inbound     // 在端口下调用 QoS policy
#
interface Vlan-interface20
description OA-2-Gate-1
ip address 10.1.5.251 255.255.255.0
vrrp vrid 1 virtual-ip 10.1.5.254
vrrp vrid 1 priority 120
vrrp vrid 1 preempt-mode timer delay 2
vrrp vrid 1 authentication-mode md5 G'M^B<SDBB[Q=^Q'MAF4<1!!
dhcp select relay
dhcp relay server-select 1      // 在端口下开启 DHCP 中继功能
qos apply policy oa inbound     // 在端口下调用 QoS policy
#
interface Vlan-interface30
description Produce-Gate-2
ip address 10.1.8.254 255.255.255.0
vrrp vrid 1 virtual-ip 10.1.8.251
vrrp vrid 1 authentication-mode md5 G'M^B<SDBB[Q=^Q'MAF4<1!!
vrrp vrid 2 virtual-ip 10.1.8.252
vrrp vrid 2 priority 120
vrrp vrid 2 preempt-mode timer delay 2
vrrp vrid 2 authentication-mode md5 G'M^B<SDBB[Q=^Q'MAF4<1!!
#
interface Vlan-interface922
description To:RT1-SVI922-100M(PO100A2L02)
ip address 10.1.255.134 255.255.255.252
ospf cost 100
ospf authentication-mode md5 1 cipher G'M^B<SDBB[Q=^Q'MAF4<1!!
ospf network-type p2p
#
interface Vlan-interface923
description To:RT2-SVI923-100M(PO100A2L03)
ip address 10.1.255.138 255.255.255.252
ospf authentication-mode md5 1 cipher G'M^B<SDBB[Q=^Q'MAF4<1!!
ospf network-type p2p
#
interface Vlan-interface925
description To:L3S1-SVI925-200M(PO100A2L05)
```

ip address 10. 1. 255. 145 255. 255. 255. 252
ospf cost 50
ospf authentication – mode md5 1 cipher G'M^B < SDBB[Q = ^Q'MAF4 < 1 ! !
ospf network – type p2p
#
interface Vlan – interface1000
description L2SW – Manage – Vlan – Gate2
ip address 10. 1. 0. 163 255. 255. 255. 224
#
interface Ethernet0/ 4/ 0
port link – mode bridge
ipx encapsulation ethernet – 2
#
interface Ethernet0/ 4/ 1
port link – mode bridge
description To:L2S1 – E0/ 4/ 2 – 100M
port link – type trunk
undo port trunk permit vlan 1
port trunk permit vlan 30 1000 to 1002
port trunk pvid vlan 30
ipx encapsulation ethernet – 2
smart – link flush enable control – vlan 1001 to 1002
#
interface Ethernet0/ 4/ 2
port link – mode bridge
description To:L2S2 – E0/ 4/ 1 – 100M
port link – type trunk
undo port trunk permit vlan 1
port trunk permit vlan 10 20 1000
ipx encapsulation ethernet – 2
stp root – protection
#
interface Ethernet0/ 4/ 3
port link – mode bridge
ipx encapsulation ethernet – 2
#
interface Ethernet0/ 4/ 4
port link – mode bridge
ipx encapsulation ethernet – 2
#
interface Ethernet0/ 4/ 5
port link – mode bridge
ipx encapsulation ethernet – 2
#
interface Ethernet0/ 4/ 6
port link – mode bridge
ipx encapsulation ethernet – 2

```
#
interface Ethernet0/4/7
port link-mode bridge
ipx encapsulation ethernet-2
#
interface Ethernet0/4/8
port link-mode bridge
ipx encapsulation ethernet-2
#
interface Ethernet0/4/9
port link-mode bridge
ipx encapsulation ethernet-2
#
interface Ethernet0/4/10
port link-mode bridge
ipx encapsulation ethernet-2
#
interface Ethernet0/4/11
port link-mode bridge
ipx encapsulation ethernet-2
#
interface Ethernet0/4/12
port link-mode bridge
ipx encapsulation ethernet-2
#
interface Ethernet0/4/13
port link-mode bridge
ipx encapsulation ethernet-2
#
interface Ethernet0/4/14
port link-mode bridge
ipx encapsulation ethernet-2
#
interface Ethernet0/4/15
port link-mode bridge
ipx encapsulation ethernet-2
#
interface Ethernet0/4/16
port link-mode bridge
ipx encapsulation ethernet-2
#
interface Ethernet0/4/17
port link-mode bridge
ipx encapsulation ethernet-2
#
interface Ethernet0/4/18
port link-mode bridge
```

ipx encapsulation ethernet – 2
#
interface Ethernet0/4/19
port link – mode bridge
ipx encapsulation ethernet – 2
#
interface Ethernet0/4/20
port link – mode bridge
description To:RT2 – E0/4/20 – 100M
port access vlan 923
ipx encapsulation ethernet – 2
#
interface Ethernet0/4/21
port link – mode bridge
description To:RT1 – E0/4/21 – 100M
port access vlan 922
ipx encapsulation ethernet – 2
#
interface Ethernet0/4/22
port link – mode bridge
description To:L3S1 – E0/4/22 – 100M
port link – type trunk
undo port trunk permit vlan 1
port trunk permit vlan 10 20 925 1000 to 1002
ipx encapsulation ethernet – 2
port link – aggregation group 1   //加入聚合端口组 1
#
interface Ethernet0/4/23
port link – mode bridge
description To:L3S1 – E0/4/23 – 100M
port link – type trunk
undo port trunk permit vlan 1
port trunk permit vlan 10 20 925 1000 to 1002
ipx encapsulation ethernet – 2
port link – aggregation group 1   //加入聚合端口组 1
#
ospf 100 router – id 10.1.0.132
silent – interface LoopBack0
silent – interface Vlan – interface10
silent – interface Vlan – interface20
silent – interface Vlan – interface30
silent – interface Vlan – interface1000
area 0.0.0.2
   authentication – mode md5   //区域开启 MD5 验证
   network 10.1.0.132 0.0.0.0
   network 10.1.4.0 0.0.0.255
   network 10.1.5.0 0.0.0.255

```
    network 10.1.8.0 0.0.0.255
    network 10.1.255.134 0.0.0.0
    network 10.1.255.138 0.0.0.0
    network 10.1.255.145 0.0.0.0
    network 10.1.0.160 0.0.0.31
#
nqa entry dr dr
 type icmp-echo
  description detect-L3S1<->RT1
  destination ip 10.1.255.129
  history-record enable
  history-record number 10
  reaction 1 checked-element probe-fail threshold-type consecutive 1 action-type none
  source ip 10.1.255.145
#
ip route-static 0.0.0.0 0.0.0.0 10.1.255.133 description To:RT1-Internet
ip route-static 0.0.0.0 0.0.0.0 10.1.255.146 track 1 preference 120 description To:L3S1-Internet-Backup
#
snmp-agent
snmp-agent local-engineid 800063A2030000560800000
snmp-agent community read public
snmp-agent community write private
snmp-agent sys-info contact Mr.z 010-xxxxxxxx
snmp-agent sys-info location SDDS-10F-104Room
snmp-agent sys-info version v3
snmp-agent group v3 h3c
snmp-agent usm-user v3 h3clab h3c authentication-mode sha 0]CC7=PWQ%C(Ca68E6=K,=>I_a)!privacy-mode 3des,5]!NX<U5=$4V9["R,F[SR2[
#
track 1 nqa entry dr dr reaction 1
#
dhcp enable
#
nqa schedule dr dr start-time now lifetime forever
#
ntp-service authentication enable
ntp-service source-interface LoopBack0
ntp-service authentication-keyid 1 authentication-mode md5 G'M^B<SDBB[Q=^Q'MAF4<1!!        //配置NTP的密码
ntp-service reliable authentication-keyid 1
ntp-service unicast-server 10.1.0.130       //指定客户端服务器模式下NTP服务器的端口IP地址信息
#
ssh server enable
ssh server authentication-retries 2      //认证重试次数为两次
ssh user h3c service-type stelnet authentication-type password     //配置SSH的验证方式采用
```

password 验证
    #
    load xml – configuration
    #
    load tr069 – configuration
    #
    user – interface con 0
    user – interface vty 0 4
    acl 3999 inbound   // 对远程 SSH 连接到设备上的 IP 数据流的 IP 地址进行限制
    authentication – mode scheme
    idle – timeout 3 0
    protocol inbound ssh
    #
    return

9. L3-3 配置参考

    sysname L3 – 3
    #
    undo voice vlan mac – address 00e0 – bb00 – 0000
    #
    domain default enable system
    #
    ip ttl – expires enable
    ip unreachables enable   // 这两条命令可以在路由追踪中使用到，H3C 设备默认路由追踪功能是关闭的。在不输入两条命令之前，如果使用 tracert 命令，则会发现不能进行路由追踪，打开此命令之后就可以进行路由追踪。注意：要想实现路由追踪，必须沿路经过的所有路由器都输入这两条命令
    #
    rpr mac – address timer aging 100
    #
    acl number 3891 name qos   // 在 QoS 的 CBQ 上调用此命令实现对数据流的匹配，ACL 的作用就是对数据流或者路由信息识别。使用过程中需要看具体情况，在包过滤防火墙功能或者 CBQ 中主要是匹配用户数据流，而在路由过滤或者策略中，对数据流进行识别。3000 ~ 3999 的 ACL 属于高级的 ACL。
    rule 10 permit ip destination 10. 1. 4. 0 0. 0. 3. 255
    acl number 3999 name gl
    rule 10 permit ip source 10. 1. 1. 64 0. 0. 0. 63
    #
    vlan 1   // VLAN 1 属于默认 VLAN，如果设备没有指定 VLAN 号，则默认所有端口都属于 VLAN 1，通常情况下，数据帧在交换机里都有相应的 VLAN 号，不会是普通的数据帧
    #
    vlan 101
    description YeWu – Vlan
    #
    vlan 102
    description GL – Vlan
    #
    vlan 103

description OA – Vlan
#
vlan 912
name To：RT3 – Vlan912
#
vlan 913
name To：RT4 – Vlan913
#
domain system
access – limit disable
state active
idle – cut disable
self – service – url disable
#
traffic classifier oa operator and   // CBQ 当中的类，用来匹配数据流的 IP 地址信息。默认类的逻辑关系属于 and 的关系，那么 if – match 中如果有多个条件，数据流匹配类时，必须跟类当中列出的所有 ACL 都匹配才能属于这个类。除了 and 的逻辑关系之外还有 or 的逻辑关系，如果使用的是 or 的逻辑关系，那么数据流只要匹配 ACL 当中任意一个 if – match 条件，就属于这个类
if – match acl 3891
#
traffic behavior oa   // 设置行为
remark dscp af41   // 把数据流重标记成按照 DSCP 的优先级设置成 af41 的优先级
#
qos policy oa
classifier oa behavior oa   // 在 QoS 策略中调用类和行为
#
user – group system
#
local – user h3c
password cipher G'M^B < SDBB[Q = ^Q'MAF4 < 1！！
service – type ssh   // 配置 SSH 登录的用户名和密码，SSH 设置的密码设置成了密文的密码
#
wlan rrm
dot11a mandatory – rate 6 12 24
dot11a supported – rate 9 18 36 48 54
dot11b mandatory – rate 1 2
dot11b supported – rate 5.5 11
dot11g mandatory – rate 1 2 5.5 11
dot11g supported – rate 6 9 12 18 24 36 48 54
#
interface NULL0
#
interface LoopBack0
description Manage – IP
ip address 10.1.0.66 255.255.255.255
#
interface LoopBack101

description YW – Server
ip address 10. 1. 1. 1 255. 255. 255. 255
#
interface LoopBack102
description GL – Server
ip address 10. 1. 1. 65 255. 255. 255. 255
#
interface LoopBack103
description OA – Server
ip address 10. 1. 1. 129 255. 255. 255. 255
#
interface Vlan – interface101
#
interface Vlan – interface103
qos apply policy oa inbound
#
interface Vlan – interface912
description To:RT3 – SVI912 – 100M(PO100A1L02)
ip address 10. 1. 255. 70 255. 255. 255. 252
ospf network – type p2p
#
interface Vlan – interface913
description To:RT3 – SVI913 – 100M(PO100A1L03)
ip address 10. 1. 255. 74 255. 255. 255. 252
ospf network – type p2p
#
interface Ethernet0/ 4/ 0
port link – mode bridge
ipx encapsulation ethernet – 2
#
interface Ethernet0/ 4/ 1
port link – mode bridge
description To:RT3 – E0/ 4/ 23 – 100M
port access vlan 912
ipx encapsulation ethernet – 2
#
interface Ethernet0/ 4/ 2
port link – mode bridge
port access vlan 913
ipx encapsulation ethernet – 2
#
interface Ethernet0/ 4/ 3
port link – mode bridge
ipx encapsulation ethernet – 2
#
interface Ethernet0/ 4/ 4
port link – mode bridge

```
ipx encapsulation ethernet -2
#
interface Ethernet0/4/5
port link - mode bridge
ipx encapsulation ethernet -2
#
interface Ethernet0/4/6
port link - mode bridge
ipx encapsulation ethernet -2
#
interface Ethernet0/4/7
port link - mode bridge
ipx encapsulation ethernet -2
#
interface Ethernet0/4/8
port link - mode bridge
ipx encapsulation ethernet -2
#
interface Ethernet0/4/9
port link - mode bridge
ipx encapsulation ethernet -2
#
interface Ethernet0/4/10
port link - mode bridge
ipx encapsulation ethernet -2
#
interface Ethernet0/4/11
port link - mode bridge
ipx encapsulation ethernet -2
#
interface Ethernet0/4/12
port link - mode bridge
ipx encapsulation ethernet -2
#
interface Ethernet0/4/13
port link - mode bridge
ipx encapsulation ethernet -2
#
interface Ethernet0/4/14
port link - mode bridge
ipx encapsulation ethernet -2
#
interface Ethernet0/4/15
port link - mode bridge
ipx encapsulation ethernet -2
#
interface Ethernet0/4/16
```

port link – mode bridge
ipx encapsulation ethernet – 2
#
interface Ethernet0/4/17
port link – mode bridge
ipx encapsulation ethernet – 2
#
interface Ethernet0/4/18
port link – mode bridge
ipx encapsulation ethernet – 2
#
interface Ethernet0/4/19
port link – mode bridge
ipx encapsulation ethernet – 2
#
interface Ethernet0/4/20
port link – mode bridge
ipx encapsulation ethernet – 2
#
interface Ethernet0/4/21
port link – mode bridge
ipx encapsulation ethernet – 2
#
interface Ethernet0/4/22
port link – mode bridge
ipx encapsulation ethernet – 2
#
interface Ethernet0/4/23
port link – mode bridge
ipx encapsulation ethernet – 2
#
ospf 100 router – id 10.1.0.66
silent – interface LoopBack0
silent – interface LoopBack101
silent – interface LoopBack102
silent – interface LoopBack103
area 0.0.0.1
　　network 10.1.0.66 0.0.0.0
　　network 10.1.1.1 0.0.0.0
　　network 10.1.1.65 0.0.0.0
　　network 10.1.1.129 0.0.0.0
　　network 10.1.255.70 0.0.0.0
　　network 10.1.255.74 0.0.0.0
#
ip route – static 0.0.0.0 0.0.0.0 10.1.255.69 description To：RT3 – Internet
ip route – static 0.0.0.0 0.0.0.0 10.1.255.73 preference 120 description To：RT4 – Internet
#

ntp – service authentication enable
ntp – service source – interface LoopBack0
ntp – service authentication – keyid 1 authentication – mode md5 G'M^B < SDBB[Q = ^Q'MAF4 < 1！！   // 配置 NTP 的密码
ntp – service reliable authentication – keyid 1
ntp – service unicast – server 10.1.0.130   // 指定客户端服务器模式下 NTP 服务器的端口 IP 地址信息
#
ssh server enable
ssh server authentication – retries 2   // 认证重试次数为两次
ssh user h3c service – type stelnet authentication – type password   // 配置 SSH 的验证方式采用 password 验证
#
load xml – configuration
#
load tr069 – configuration
#
user – interface con 0
user – interface vty 0 4
acl 3999 inbound   // 对远程 SSH 连接到设备上的 IP 数据流的 IP 地址进行限制
authentication – mode scheme
idle – timeout 3 0
protocol inbound ssh
#
return

10. L2-1 配置参考

sysname l2 – 1
#
undo voice vlan mac – address 00e0 – bb00 – 0000
#
domain default enable system
#
port – security enable
port – security timer disableport 60
#
rpr mac – address timer aging 100
#
vlan 1
#
vlan 30
#
vlan 1000
#
vlan 1002
#

```
domain system
access – limit disable
state active
idle – cut disable
self – service – url disable
#
user – group system
#
local – user 000fe2acfa24
password simple 000fe2acfa24
service – type lan – access
#
stp region – configuration
instance 1 vlan 30           // 配置 MSTP 实例映射关系
active region – configuration   // 激活
#
smart – link group 1
protected – vlan reference – instance 1    // 保护 VLAN
flush enable control – vlan 1002     // 开启发送 flash 报文功能
#
wlan rrm
dot11a mandatory – rate 6 12 24
dot11a supported – rate 9 18 36 48 54
dot11b mandatory – rate 1 2
dot11b supported – rate 5.5 11
dot11g mandatory – rate 1 2 5.5 11
dot11g supported – rate 6 9 12 18 24 36 48 54
#
interface NULL0
#
interface Vlan – interface1000
description manage – ip
ip address 10.1.0.165 255.255.255.224
#
interface Ethernet0/4/0
port link – mode bridge
port link – type trunk
port trunk permit vlan 1 30 1000 1002
ipx encapsulation ethernet – 2
stp disable    // 关闭 STP
port smart – link group 1 master   // 配置为组 1 主端口
#
interface Ethernet0/4/1
port link – mode bridge
port link – type trunk
port trunk permit vlan 1 30 1000 1002
ipx encapsulation ethernet – 2
```

```
stp disable          // 关闭STP
port smart-link group 1 slave    // 配置为组1副端口
#
interface Ethernet0/4/2
port link-mode bridge
ipx encapsulation ethernet-2
#
interface Ethernet0/4/3
port link-mode bridge
ipx encapsulation ethernet-2
#
interface Ethernet0/4/4
port link-mode bridge
ipx encapsulation ethernet-2
#
interface Ethernet0/4/5
port link-mode bridge
ipx encapsulation ethernet-2
#
interface Ethernet0/4/6
port link-mode bridge
ipx encapsulation ethernet-2
#
interface Ethernet0/4/7
port link-mode bridge
ipx encapsulation ethernet-2
#
interface Ethernet0/4/8
port link-mode bridge
ipx encapsulation ethernet-2
#
interface Ethernet0/4/9
port link-mode bridge
ipx encapsulation ethernet-2
#
interface Ethernet0/4/10
port link-mode bridge
ipx encapsulation ethernet-2
#
interface Ethernet0/4/11
port link-mode bridge
ipx encapsulation ethernet-2
#
interface Ethernet0/4/12
port link-mode bridge
ipx encapsulation ethernet-2
#
```

```
interface Ethernet0/4/13
port link – mode bridge
ipx encapsulation ethernet – 2
#
interface Ethernet0/4/14
port link – mode bridge
port access vlan 30
broadcast – suppression 5
ipx encapsulation ethernet – 2
port – security port – mode mac – authentication
port – security ntk – mode ntk – withbroadcasts
port – security intrusion – mode disableport – temporarily
#
interface Ethernet0/4/15
port link – mode bridge
ipx encapsulation ethernet – 2
#
load xml – configuration
#
load tr069 – configuration
#
user – interface con 0
user – interface vty 0 4
#
return
```

11. L2-2 配置参考

```
sysname l2 – 2
#
undo voice vlan mac – address 00e0 – bb00 – 0000
#
domain default enable system
#
rpr mac – address timer aging 100
#
vlan 1        // VLAN 1 属于默认 VLAN,如果设备没有指定 VLAN 号,则默认所有端口都属于 VLAN 1,
通常情况下,数据帧在交换机里都有相应的 VLAN 号,不会是普通的数据帧
#
vlan 10
#
vlan 20
#
vlan 1000
#
domain system
access – limit disable
```

```
state active
idle - cut disable
self - service - url disable
#
user - group system
#
stp bpdu - protection          // BPDU 保护
stp enable          // 开启 STP
stp region - configuration
 region - name h3c              // 配置 MSTP 域名
 instance 1 vlan 10 1000
 instance 2 vlan 20             // 配置 MSTP 实例映射关系
 active region - configuration  // 激活
#
wlan rrm
 dot11a mandatory - rate 6 12 24
 dot11a supported - rate 9 18 36 48 54
 dot11b mandatory - rate 1 2
 dot11b supported - rate 5.5 11
 dot11g mandatory - rate 1 2 5.5 11
 dot11g supported - rate 6 9 12 18 24 36 48 54
#
interface NULL0
#
interface Vlan - interface1000
 description manage - ip
 ip address 10.1.0.164 255.255.255.224
#
interface Ethernet0/4/0
 port link - mode bridge
 port link - type trunk
 port trunk permit vlan 1 10 20 1000
 ipx encapsulation ethernet - 2
#
interface Ethernet0/4/1
 port link - mode bridge
 port link - type trunk
 port trunk permit vlan 1 10 20 1000
 ipx encapsulation ethernet - 2
#
interface Ethernet0/4/2
 port link - mode bridge
 ipx encapsulation ethernet - 2
#
interface Ethernet0/4/3
 port link - mode bridge
 ipx encapsulation ethernet - 2
```

```
#
interface Ethernet0/4/4
port link - mode bridge
ipx encapsulation ethernet - 2
#
interface Ethernet0/4/5
port link - mode bridge
ipx encapsulation ethernet - 2
#
interface Ethernet0/4/6
port link - mode bridge
ipx encapsulation ethernet - 2
#
interface Ethernet0/4/7
port link - mode bridge
ipx encapsulation ethernet - 2
#
interface Ethernet0/4/8
port link - mode bridge
ipx encapsulation ethernet - 2
#
interface Ethernet0/4/9
port link - mode bridge
ipx encapsulation ethernet - 2
#
interface Ethernet0/4/10
port link - mode bridge
ipx encapsulation ethernet - 2
#
interface Ethernet0/4/11
port link - mode bridge
ipx encapsulation ethernet - 2
#
interface Ethernet0/4/12
port link - mode bridge
ipx encapsulation ethernet - 2
#
interface Ethernet0/4/13
port link - mode bridge
ipx encapsulation ethernet - 2
#
interface Ethernet0/4/14
port link - mode bridge
port access vlan 10
broadcast - suppression 5
ipx encapsulation ethernet - 2
stp edged - port enable
```

port – security port – mode mac – authentication
 port – security ntk – mode ntk – withbroadcasts
 port – security intrusion – mode disableport – temporarily
 #
 interface Ethernet0/ 4/ 15
 port link – mode bridge
 port access vlan 20
 broadcast – suppression 5
 ipx encapsulation ethernet – 2
 stp edged – port enable
 port – security port – mode mac – authentication
 port – security ntk – mode ntk – withbroadcasts
 port – security intrusion – mode disableport – temporarily
 #
 load xml – configuration
 #
 load tr069 – configuration
 #
 user – interface con 0
 user – interface vty 0 4
 #
 return

12. L2-3 配置参考

 sysname 12 – 3
 #
 undo voice vlan mac – address 00e0 – bb00 – 0000
 #
 domain default enable system
 #
 rpr mac – address timer aging 100
 #
 vlan 1   // VLAN 1 属于默认 VLAN,如果设备没有指定 VLAN 号,则默认所有端口都属于 VLAN 1,通常情况下,数据帧在交换机里都有相应的 VLAN 号,不会是普通的数据帧
 #
 vlan 10
 #
 vlan 20
 #
 vlan 1000
 #
 domain system
 access – limit disable
 state active
 idle – cut disable
 self – service – url disable

```
#
user - group system
#
stp bpdu - protection      // BPDU 保护
stp enable    // 开启 STP
stp region - configuration
 region - name h3c           // 配置 MSTP 域名
 instance 1 vlan 10 1000
 instance 2 vlan 20          // 配置 MSTP 实例映射关系
 active region - configuration   // 激活
#
wlan rrm
dot11a mandatory - rate 6 12 24
dot11a supported - rate 9 18 36 48 54
dot11b mandatory - rate 1 2
dot11b supported - rate 5.5 11
dot11g mandatory - rate 1 2 5.5 11
dot11g supported - rate 6 9 12 18 24 36 48 54
#
interface NULL0
#
interface Vlan - interface1000
 description manage - ip
 ip address 10.1.0.162 255.255.255.224
#
interface Ethernet0/4/0
 port link - mode bridge
 port link - type trunk
 port trunk permit vlan 1 10 20 1000
 ipx encapsulation ethernet - 2
#
interface Ethernet0/4/1
 port link - mode bridge
 port link - type trunk
 port trunk permit vlan 1 10 20 1000
 ipx encapsulation ethernet - 2
#
interface Ethernet0/4/2
 port link - mode bridge
 ipx encapsulation ethernet - 2
#
interface Ethernet0/4/3
 port link - mode bridge
 ipx encapsulation ethernet - 2
#
interface Ethernet0/4/4
 port link - mode bridge
 ipx encapsulation ethernet - 2
```

```
#
interface Ethernet0/4/5
port link - mode bridge
ipx encapsulation ethernet - 2
#
interface Ethernet0/4/6
port link - mode bridge
ipx encapsulation ethernet - 2
#
interface Ethernet0/4/7
port link - mode bridge
ipx encapsulation ethernet - 2
#
interface Ethernet0/4/8
port link - mode bridge
ipx encapsulation ethernet - 2
#
interface Ethernet0/4/9
port link - mode bridge
ipx encapsulation ethernet - 2
#
interface Ethernet0/4/10
port link - mode bridge
ipx encapsulation ethernet - 2
#
interface Ethernet0/4/11
port link - mode bridge
ipx encapsulation ethernet - 2
#
interface Ethernet0/4/12
port link - mode bridge
ipx encapsulation ethernet - 2
#
interface Ethernet0/4/13
port link - mode bridge
ipx encapsulation ethernet - 2
#
interface Ethernet0/4/14
port link - mode bridge
port access vlan 10
broadcast - suppression 5
ipx encapsulation ethernet - 2
stp edged - port enable        //边缘端口
port - security port - mode mac - authentication
port - security ntk - mode ntk - withbroadcasts
port - security intrusion - mode disableport - temporarily
#
interface Ethernet0/4/15
```

port link – mode bridge
port access vlan 20
broadcast – suppression 5
ipx encapsulation ethernet – 2
stp edged – port enable   // 边缘端口
port – security port – mode mac – authentication
port – security ntk – mode ntk – withbroadcasts
port – security intrusion – mode disableport – temporarily
#
load xml – configuration
#
load tr069 – configuration
#
user – interface con 0
user – interface vty 0 4
#
return

5.2 综合型企业网事故案例分析

5.2.1 项目配置错误分析

1．VRRP 的实验排错

项目拓扑结构如图 5-30 所示。

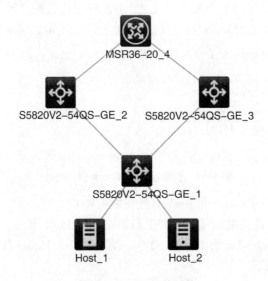

图 5-30 项目拓扑结构

两台 PC 都是属于 VLAN 10。在 S5820V2-54QS-GE_2 和 S5820V2-54QS-GE_3 上配置 VRRP 的网关备份组，一旦出现其中一台设备宕机的情况，另外一台设备立即充当 VRRP 的 Master 角色。在项目实践过程中,在 S5820V2-54QSVGE_2 和 S5820V2-54QS-GE_3 输入"display vrrp verbose"命令时,均显示两台设备为 Master 设备的情况,如图 5-31 所示。

```
[S5820V2-54QS-GE_2]display  vrrp  verbose
IPv4 Virtual Router Information:
 Running mode       : Standard
 Total number of virtual routers : 1
   Interface Vlan-interface10
     VRID            : 1                Adver Timer  : 100
     Admin Status    : Up               State        : Master
     Config Pri      : 120              Running Pri  : 120
     Preempt Mode    : Yes              Delay Time   : 0
     Auth Type       : None
     Virtual IP      : 10.1.1.1
     Virtual MAC     : 0000-5e00-0101
     Master IP       : 10.1.1.253

[S5820V2-54QS-GE_3]display  vrrp  verbose
IPv4 Virtual Router Information:
 Running mode       : Standard
 Total number of virtual routers : 1
   Interface Vlan-interface10
     VRID            : 1                Adver Timer  : 100
     Admin Status    : Up               State        : Master
     Config Pri      : 100              Running Pri  : 100
     Preempt Mode    : Yes              Delay Time   : 0
     Auth Type       : None
     Virtual IP      : 10.1.1.1
     Virtual MAC     : 0000-5e00-0101
     Master IP       : 10.1.1.254
```

图 5-31 显示 VRRP 主设备状态

遇到这种情况,主要是因为 VRRP 的 Master 发送协议报文给 Backup 设备时,Backup 设备收不到 Master 设备的 VRRP 协议报文,所以 Backup 设备就认为自己是 Master,此时就会出现两个 Master 的情况。

对于此问题的排错,主要是查看端口的配置,看 VRRP 的交换机和下层接入用户 PC 的交换机是否允许 PC 所在的 VLAN 的数据流顺利通过。有思路之后就按这种方法检查交换机的端口。发现 S5820V2-54QS-GE_ 1 上的 Trunk 端口没有设置允许 VLAN 10 的数据流通过,如图 5-32 所示。

```
[S5820V2-54QS-GE_1-GigabitEthernet1/0/1]display  this
#
interface GigabitEthernet1/0/1
 port link-mode bridge
 port link-type trunk
 port trunk permit vlan 1
 combo enable fiber
#
return
```

图 5-32 查看以太口 Trunk 端口特性

修改完成之后 VRRP 的 Master 和 Backup 就恢复正常了。

VRRP 具备监视上行链路的功能,如果上行链路处于 Down 状态,此时数据流再从 Master 的线路转发已经没有意义。可以使用 track 命令,使 VRRP 的 Master 优先级下降一个数值,实现主备切换。配置命令如下:

[S5820V2 – 54QS – GE_2]track 1 interface Vlan – interface 100
[S5820V2 – 54QS – GE_2]interface Vlan – interface 10
[S5820V2 – 54QS – GE_2 – Vlan – interface10]vrrp vrid 1 track 1 priority reduced 30

然后把 S5820V2-54QS-GE_2 的 VLAN 100 所在物理端口 G1/0/2 断开（模拟器可以使用 shutdown 命令），但是发现 VRRP 的主备并没有切换，Master 的优先级也没有下降，如图 5-33 所示。

```
[S5820V2-54QS-GE_2]interface GigabitEthernet 1/0/2
[S5820V2-54QS-GE_2-GigabitEthernet1/0/2]
[S5820V2-54QS-GE_2-GigabitEthernet1/0/2]shu
[S5820V2-54QS-GE_2-GigabitEthernet1/0/2]shutdown

[S5820V2-54QS-GE_2]display vrrp verbose
IPv4 Virtual Router Information:
 Running mode      : Standard
 Total number of virtual routers : 1
   Interface Vlan-interface10
     VRID           : 1              Adver Timer   : 100
     Admin Status   : Up             State         : Master
     Config Pri     : 120            Running Pri   : 120
     Preempt Mode   : Yes            Delay Time    : 0
     Auth Type      : None
     Virtual IP     : 10.1.1.1
     Virtual MAC    : 0000-5e00-0101
     Master IP      : 10.1.1.253
   VRRP Track Information:
     Track Object   : 1              State : Positive   Pri Reduced : 30


Vlan20                UP      UP       --
Vlan100               UP      UP       100.1.1.1

Brief information on interface(s) under bridge mode:
Link: ADM - administratively down; Stby - standby
Speed or Duplex: (a)/A - auto; H - half; F - full
Type: A - access; T - trunk; H - hybrid
Interface            Link Speed    Duplex Type PVID Description
FGE1/0/53            DOWN 40G      A      A    1
FGE1/0/54            DOWN 40G      A      A    1
GE1/0/1              UP   1G(a)    F(a)   T    1
GE1/0/2              ADM  auto     A      A    100
GE1/0/3              DOWN auto     A      A    1
```

图 5-33 VRRP 的 track 功能失效情况

此时观察 G1/0/2 端口是处于 Up 状态的，但是 VLAN 100 的三层逻辑端口还是处于 Up 的状态。这也是 VRRP 在实际操作过程中常见的一种现象。遇到这种现象，一般是本交换机还有端口属于 VLAN 100，或者允许 VLAN 100 的数据流通过，此时即使把 G1/0/2 端口关闭了，VLAN 100 还有其他物理端口，所以三层 VLAN 虚端口依然属于 Up 状态，主备不能实现切换。

查看本交换机的物理端口发现 G1/0/1 的 Trunk 端口允许所有 VLAN 通过，造成 VLAN 100 的三层虚端口还是处于 Up 状态。如图 5-34 所示。

```
[S5820V2-54QS-GE_2-GigabitEthernet1/0/1]dis this
#
interface GigabitEthernet1/0/1
 port link-mode bridge
 port link-type trunk
 port trunk permit vlan all
 combo enable fiber
#
return
```

图 5-34 查看 Trunk 端口状态

此时只需要把 Trunk 端口设置成不允许 VLAN 100 通过即可，如图 5-35 所示。

```
[S5820V2-54QS-GE_2]display  vrrp verbose
IPv4 Virtual Router Information:
 Running mode      : Standard
 Total number of virtual routers : 1
   Interface Vlan-interface10
     VRID           : 1                       Adver Timer   : 100
     Admin Status   : Up                      State         : Backup
     Config Pri     : 120                     Running Pri   : 90
     Preempt Mode   : Yes                     Delay Time    : 0
     Become Master  : 3090ms left
     Auth Type      : None
     Virtual IP     : 10.1.1.1
     Master IP      : 10.1.1.254
   VRRP Track Information:
     Track Object   : 1                       State : Negative   Pri Reduced : 30
```

图 5-35　VRRP 状态切换

VRRP 实验中还会出现 S5820V2-54QS-GE_ 2 和 S5820V2-54QS-GE_ 4 互连线缆单通的情况，或者在 S5820V2-54QS-GE_ 4 和 S5820V2-54QS-GE_ 2 互连的端口删除 IP 地址的情况下，VRRP 监视的上行端口还处于 Up 状态，但此时数据流从 Master 也不能进行相应的转发。此时可以配置 VRRP + BFD 功能监视上行链路，具备配置如下：

［S5820V2‑54QS‑GE_2］bfd echo‑source‑ip 1.1.1.1　　　// 配置 BFD echo 报文的 source ip，IP 地址可以任意制订，但是不要与实际端口的物理地址重合

［S5820V2‑54QS‑GE_2］track 1 bfd echo interface Vlan‑interface 100 remote ip 100.1.1.2 local ip 100.1.1.1　　// 创建和 BFD 会话关联的 Track 项 1，检测上行设备物理线路是否可达

［S5820V2‑54QS‑GE_2］interface Vlan‑interface 10

［S5820V2‑54QS‑GE_2］vrrp vrid 1 track 1 priority reduced 30　　// 让 track 机制在 VRRP 中生效。

设置成功之后会出现如图 5-36 所示的现象：

```
[S5820V2-54QS-GE_2]display %Nov  5 02:20:21:752 2015 S5820V2-54QS-GE_2 VRRP4/6/VRRP_
STATUS_CHANGE:
The status of IPv4 virtual router 1 (configured on Vlan-interface10) changed from Ma
ster to Backup: VRRP packet received.

 [S5820V2-54QS-GE_2]display  vrrp  verbose
IPv4 Virtual Router Information:
 Running mode      : Standard
 Total number of virtual routers : 1
   Interface Vlan-interface10
     VRID           : 1                       Adver Timer   : 100
     Admin Status   : Up                      State         : Backup
     Config Pri     : 120                     Running Pri   : 90
     Preempt Mode   : Yes                     Delay Time    : 0
     Become Master  : 2910ms left
     Auth Type      : None
     Virtual IP     : 10.1.1.1
     Master IP      : 10.1.1.254
   VRRP Track Information:
```

图 5-36　VRRP 状态切换

此时上层物理线路出现故障。BFD 检测到上行链路故障，降低 Master 设备优先级。

2. OSPF 的故障排错（见图 5-37）

图 5-37　OSPF 的故障排错

如果出现两台路由器不能形成邻居关系，则可能的情况如下：
两台路由器的 Router ID 相同，输入 display ospf peer 命令查看 OSPF 邻居，如图 5-38 所示。

```
[MSR36-20_1]display  ospf peer
          OSPF Process 1 with Router ID 1.1.1.1
                 Neighbor Brief Information

[MSR36-20_2]display  ospf peer
          OSPF Process 1 with Router ID 1.1.1.1
                 Neighbor Brief Information
```

图 5-38　OSPF 的 Router ID

观察发现两台路由器的 Router ID 相同，双方认为是同一台设备，则不能形成邻居关系。

此时只需要手工修改其中一台设备的 Router ID，并且重启 OSPF 进程让新的 Router ID 生效就可以了。

```
[MSR36-20_2]ospf router-id 2.2.2.2
OSPF The new router ID will be activated only after the OSPF process is reset.
[MSR36-20_2-ospf-1]quit
[MSR36-20_2]quit
<MSR36-20_2>reset ospf process
Reset OSPF process? [Y/N]:y
```

此时观察发现路由器的邻居关系可以形成，如图 5-39 所示。

```
[MSR36-20_1]display  ospf peer
          OSPF Process 1 with Router ID 1.1.1.1
                 Neighbor Brief Information

Area: 0.0.0.0
Router ID        Address       Pri Dead-Time  State      Interface
2.2.2.2          10.1.1.2       1    38        Full/BDR   GE0/0
```

图 5-39　OSPF 的邻居状态形成成功

两台路由器互连的端口没有进行 network 网段宣告，造成邻居关系不能形成，如图 5-40 所示。

```
[MSR36-20_1]display  current-configuration
#
 version 7.1.059, Alpha 7159
#
 sysname MSR36-20_1
#
ospf 1 router-id 1.1.1.1
 area 0.0.0.0
  network 192.168.1.1 0.0.0.0
```

图 5-40　查看 OSPF 配置

在 MSR36-201_1 上输入"［MSR36-20_1］display current-configuration"，发现 MSR36-201_1 没有宣告 10.1.1.0/24 网段，造成邻居关系不能形成。

Network 包括两层含义：指定本机上哪些端口路由能够添加到 RIP 路由表中；指定本机上哪些端口能够收发 OSPF 协议报文。

另外，如果两台路由器直连的广播端口宣告的网段不一致，也会导致邻居关系不能形成成功。

两台路由器互连的端口是否配置了静默端口，如图 5-41 所示。

```
[MSR36-20_1]display  current-configuration
#
 version 7.1.059, Alpha 7159
#
 sysname MSR36-20_1
#
ospf 1 router-id 1.1.1.1
 silent-interface GigabitEthernet0/0
 area 0.0.0.0
  network 10.1.1.0 0.0.0.255
  network 192.168.1.1 0.0.0.0
```

图 5-41　配置静默端口

配置静默端口之后，静默端口可以接收路由协议报文，不能发送路由协议报文，这会导致本路由器不会发 hello 报文给对端邻居，导致邻居关系建立失败。此时只需要删除静默端口就可以了。

OSPF 的 hello 报文发送时间不一致，导致邻居关系不能形成成功，如图 5-42 所示。

```
interface GigabitEthernet0/0
 port link-mode route
 combo enable copper
 ip address 10.1.1.2 255.255.255.0
 ospf timer hello 7

interface GigabitEthernet0/0
 port link-mode route
 combo enable copper
 ip address 10.1.1.1 255.255.255.0
 ospf timer hello 6
```

图 5-42　OSPF hello 报文发送时间设置不一致

一台 hello 报文更新周期是 6s，另一台更新周期是 7s，导致没有形成邻居关系。

OSPF 协议报文的验证错误也会导致邻居关系不能形成，commware V7 中的 OSPF 协议跟 V5 有区别：V5 中的 OSPF 端口和区域验证要一起使用，如果只配置区域或者端口验证，验证会导致失败。但是 V7 中的区域验证和端口验证是单独验证。它们之间的关系如下：

- 区域验证开启，并且密码一致；端口验证开启，密码一致，则验证通过。
- 区域验证开启，并且配置一致的密码；端口验证未开启，则验证可以通过。
- 区域验证开启，但是密码不一致；端口验证开启，密码一致，则验证通过。
- 区域验证未开启；端口验证开启，密码一致，则验证通过，如图 5-43 所示。

```
[MSR36-20_1]display current-configuration
#
 version 7.1.059, Alpha 7159
#
 sysname MSR36-20_1
#
 ospf 1 router-id 1.1.1.1
  area 0.0.0.0
   network 10.1.1.0 0.0.0.255
   network 192.168.1.1 0.0.0.0
<MSR36-20_2>display current-configuration
#
 version 7.1.059, Alpha 7159
#
 sysname MSR36-20_2
#
ospf 1 router-id 2.2.2.2
 area 0.0.0.0
  authentication-mode md5 1 cipher $c$3$9SoIB1uClXQOrAwUMaANrpbARzLevQ==
  network 10.1.1.0 0.0.0.255
  network 192.168.2.1 0.0.0.0
```

图 5-43　配置 OSPF 区域验证

如一端配置了 OSPF 区域验证，另一端配置了 MD5 验证，导致邻居关系不能形成。此时可以在没有配置的一端配置 MD5 验证。

另外，如果两台路由器 OSPF 邻居端口的端口类型不一致，虽然邻居关系可以形成，但是不能进行路由信息的学习。

[MSR36－20_1－GigabitEthernet0/0]ospf network－type p2p

[MSR36－20_2－GigabitEthernet0/0]ospf network－type broadcast

如图 5-44 所示。

```
[MSR36-20_1]display ospf peer

          OSPF Process 1 with Router ID 1.1.1.1
               Neighbor Brief Information

 Area: 0.0.0.0
 Router ID        Address          Pri Dead-Time  State      Interface
 2.2.2.2          10.1.1.2         1   39         Full/ -    GE0/0
```

图 5-44　查看 OSPF 状态

查看 OSPF 协议报文，发现没有有效的 OSPF 路由，如图 5-45 所示。

```
[MSR36-20_1]display ip routing-table protocol ospf

Summary Count : 2

OSPF Routing table Status : <Active>
Summary Count : 0

OSPF Routing table Status : <Inactive>
Summary Count : 2

Destination/Mask    Proto   Pre  Cost    NextHop         Interface
10.1.1.0/24         O_INTRA 10   1       0.0.0.0         GE0/0
192.168.1.1/32      O_INTRA 10   0       0.0.0.0         Loop1
```

图 5-45　查看 IP 路由表中 OSPF 路由

如果 OSPF 邻居可以形成，但是不能进行网段的学习，可能的原因如图 5-46 所示。

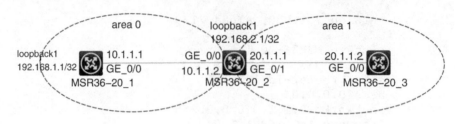

图 5-46　拓扑结构

MSR36-20_1 上宣告的 LoopBack 端口 IP 地址 192.168.1.1/32 的路由信息，MSR36-20_3 路由器没有学习到这个网段：

路由器设备上配置了路由过滤，把 192.168.1.1/32 的网段信息过滤掉了，如图 5-47 所示，OSPF 在 LSA 计算出的有效路由加入到路由表之间进行了过滤，使 MSR36-20_3 学习不到 192.168.1.1/32 这个路由信息。

```
[MSR36-20_3]display current-configuration
#
 version 7.1.059, Alpha 7159
#
 sysname MSR36-20_3
#
ospf 1
 filter-policy prefix-list h3c import
 area 0.0.0.1
  network 20.1.1.0 0.0.0.255
#
interface GigabitEthernet6/1
 port link-mode route
 combo enable copper
#
ip prefix-list h3c index 10 deny 192.168.1.1 32
ip prefix-list h3c index 20 permit 0.0.0.0 0 less-equal 32
#
 scheduler logfile size 16
#
```

图 5-47　配置 OSPF 路由过滤

在设备上配置了路由聚合，同时设置聚合后的网段不发布给邻居路由器。如图 5-48 所示，在 MSR36_20_2 这台 ABR 上配置 ABR 聚合三类 LSA，同时对聚合成功的三类 LSA 不发布给邻居路由器。

```
 sysname MSR36-20_2
#
ospf 1 router-id 2.2.2.2
 area 0.0.0.0
  abr-summary 192.168.1.1 255.255.255.255 not-advertise
  network 10.1.1.0 0.0.0.255
  network 192.168.2.1 0.0.0.0
 area 0.0.0.1
  network 20.1.1.0 0.0.0.255
```

图 5-48　配置 OSPF 聚合三类 LSA 导致路由不能正常学习

本路由器从 OSPF 学到的路由不是一条有效路由，本路由器设备上保存有其他最优路由。如在 RT 1 上创建一个 LoopBack 端口，IP 地址是 172.16.1.1/32，把 172.16.1.1/32 以外部直连路由的形式引入给 OSPF。

[MSR36 – 20_1]interface LoopBack 2
[MSR36 – 20_1 – LoopBack2]ip address 172.16.1.1 32
[MSR36 – 20_1]ospf
[MSR36 – 20_1 – ospf – 1]import – route direct

但是在 MSR36-20_ 3 上学习不到这条外部路由。此时查看 IP 路由表可以发现，OSPF 学到的这条路由是无效路由，如图 5-49 所示。

```
[MSR36-20_3]display  ip routing-table protocol ospf

OSPF Routing table Status : <Inactive>
Summary Count : 2

Destination/Mask      Proto  Pre Cost      NextHop         Interface
20.1.1.0/24           O INTRA 10  1        0.0.0.0         GE0/0
172.16.1.1/32         O ASE2  150 1        20.1.1.1        GE0/0
```

图 5-49　查看 IP 路由表中 OSPF 路由

再看 IP 路由表发现，到达这个目的地址生效的路由是一条静态路由，如图 5-50 所示。

```
[MSR36-20_3]display ip routing-table

Destinations : 16       Routes : 16

Destination/Mask      Proto    Pre Cost      NextHop         Interface
0.0.0.0/32            Direct   0   0         127.0.0.1       InLoop0
10.1.1.0/24           O_INTER  10  2         20.1.1.1        GE0/0
20.1.1.0/24           Direct   0   0         20.1.1.2        GE0/0
20.1.1.0/32           Direct   0   0         20.1.1.2        GE0/0
20.1.1.2/32           Direct   0   0         127.0.0.1       InLoop0
20.1.1.255/32         Direct   0   0         20.1.1.2        GE0/0
127.0.0.0/8           Direct   0   0         127.0.0.1       InLoop0
127.0.0.0/32          Direct   0   0         127.0.0.1       InLoop0
127.0.0.1/32          Direct   0   0         127.0.0.1       InLoop0
127.255.255.255/32    Direct   0   0         127.0.0.1       InLoop0
172.16.1.1/32         Static   60  0         20.1.1.1        GE0/0
```

图 5-50　查看路由表

此时可以修改静态路由的优先级，也可以通过如下方式修改 OSPF 的优先级：

[MSR36 – 20_3]ip prefix – list h3c permit 172.16.1.1 32   // 配置地址前缀列表用来对网段进行识别
[MSR36 – 20_3]route – policy jiance permit node 10   // 配置路由策略，permit 允许网段的路由信息通过路由器
[MSR36 – 20_3 – route – policy – jiance – 10]if – match ip address prefix – list h3c   // 用来对匹配网段的路由信息
[MSR36 – 20_3 – route – policy – jiance – 10]apply preference 20   // 修改优先级是 20
[MSR36 – 20_3 – route – policy – jiance – 10]quit
[MSR36 – 20_3]ospf
[MSR36 – 20_3 – ospf – 1]preference ase route – policy jiance   // 对于符合"jiance"这个网段的路由信息更改外部优先级

设置完成之后在 MSR36-20_3 上的 IP 路由表上发现这条 OSPF 路由是有效路由了，如图 5-51 所示。

```
[MSR36-20_3]display ip routing-table

Destinations : 16      Routes : 16

Destination/Mask      Proto     Pre  Cost     NextHop        Interface
0.0.0.0/32            Direct    0    0        127.0.0.1      InLoop0
10.1.1.0/24           O_INTER   10   2        20.1.1.1       GE0/0
20.1.1.0/24           Direct    0    0        20.1.1.2       GE0/0
20.1.1.0/32           Direct    0    0        20.1.1.2       GE0/0
20.1.1.2/32           Direct    0    0        127.0.0.1      InLoop0
20.1.1.255/32         Direct    0    0        20.1.1.2       GE0/0
127.0.0.0/8           Direct    0    0        127.0.0.1      InLoop0
127.0.0.0/32          Direct    0    0        127.0.0.1      InLoop0
127.0.0.1/32          Direct    0    0        127.0.0.1      InLoop0
127.255.255.255/32    Direct    0    0        127.0.0.1      InLoop0
172.16.1.1/32         O_ASE2    20   1        20.1.1.1       GE0/0
```

图 5-51 查看路由表中的 OSPF 路由

注意：优先级的更改只能本地生效，不能传递给邻居路由器。

思考题

路由策略的设置如下：

［MSR36－20_3］ip prefix－list h3c deny 172.16.1.1 32

［MSR36－20_3］route－policy jiance permit node 10

［MSR36－20_3－route－policy－jiance－10］if－match ip address prefix－list h3c

请问 172.16.1.1/32 与这条路由策略是否相匹配，如果匹配，是允许通过还是不允许通过？

路由策略的常见写法如下：

路由策略如果和 ACL、地址前缀列表一起使用时，因为路由策略本身有 permit 或者 deny 的过滤模式，所以 ACL、前缀列表、as-path-acl 在调用时在路由策略下，它们的规则中只能使用 pemit，如果是 deny，则这条规则不生效，匹配下一条路由策略。

- Route－policy　名称 permit node　　// 允许所有
- Route－policy　名称 permit node

If－match　　// 匹配条件则允许

- Route－polcy　名字 permit node

Apply　　// 匹配条件,允许并执行动作

- Route－policy　名称 deny node

If－match　　// 匹配条件则拒绝

- Route－policy　名称 deny node

If－match

Apply　　// 匹配条件则拒绝,不会执行动作(都已经把路由信息 deny 掉了,更改属性也就没什么实际意义了)

- Route－policy　名称 permit node

Apply　　// 允许通过并强制执行

- Route－policy　名称 deny node　　// deny 掉所有网段

一条路由策略下可以包含多条规则，通过 node 号区分。Node 号按照大小，自小到大进行匹配。例如：

[H3C]route – policy h3c permit node 10
If – match
Route – plicy h3c permit node 20
…

这路由信息按照数字编号自小到达进行匹配，匹配某一条规则就执行这条规则下的动作，不再匹配后续规则。

如果一条路由策略下包含多个 if-match 条件，那么多个条件之间的逻辑关系是"与"的关系。例如：

[H3C]route – policy h3c permit node 10
If – match ip address prefix – list test1
If – match ip address prefix – list test2

这两条 if-match 之间的关系是"与"的关系，也就是说，如果路由信息必须要跟这两条 if-match 条件都匹配时才能执行动作。

3．IPSec VPN 排错

IPSec VPN 最主要的特点是会对传输的报文进行加密验证，提高数据在公网传递的安全性。一般情况下，IPSec VPN 如果配置失败，就会导致不能触发 IPSec 的加密，使用 display ipsec sa 命令发现内容是空，则 IPSec 配置失败。所以 IPSec VPN 的排错最主要是掌握 IPSec 触发封装，数据封装，传递数据流的过程，从细节上进行分析排错。

IPSec 的报文封装过程（使用 ESP 的隧道模式），如图 5-52 所示。

图 5-52　IPSec 报文封装

那么这个过程最主要的是触发 IPSec 的封装。
IPSec 封装的触发有两个条件：
1）数据流匹配 ACL。
2）数据流需要转发到策略生效的端口。

其中 ACL 比较容易配置，最主要的是数据流转发到策略生效的出端口，这时需要通过静态路由，目的地址设置成私网的目的地址，本路由器公网的出端口。

如图 5-53 所示。

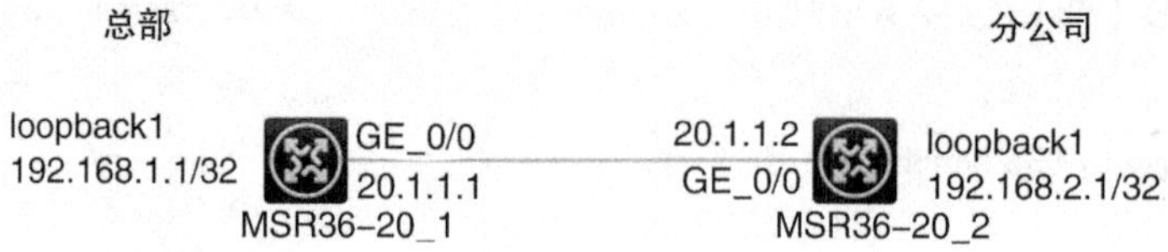

```
         总部                              分公司
   loopback1    ┌─GE_0/0      20.1.1.2─┐  loopback1
   192.168.1.1/32│  20.1.1.1    GE_0/0 │  192.168.2.1/32
              MSR36-20_1         MSR36-20_2
```

图 5-53　网络拓扑

[MSR36 – 20_1] acl advanced 3000

[MSR36 – 20_1] – acl – ipv4 – adv – 3000] rule permit ip source 192. 168. 1. 1 0. 0. 0. 0 destination 192. 168. 2. 1 0. 0. 0. 0　　// MSR36 – 20_2 上的 ACL 源和目的的设置跟 MSR36 – 20_1 正好相反

[MSR36 – 20_1] ike keychain 1

[MSR36 – 20_1 – ike – keychain – keychain1] pre – shared – key address 20. 1. 1. 2 255. 255. 255. 0 key simple 123

[MSR36 – 20_1] ipsec transform – set 1

[MSR36 – 20_1 – ipsec – transform – set – tran1] esp encryption – algorithm des　　// 配置 IPSec 的安全协议默认采用 ESP,加密使用 DES 算法,验证使用 SHA – 1 算法

[MSR36 – 20_1 – ipsec – transform – set – tran1] esp authentication – algorithm sha1

[MSR36 – 20_1 – ipsec – transform – set – tran1] quit

[MSR36 – 20_1] ike profile 1　　// 配置 IKE 的安全框架

[MSR36 – 20_1 – ike – profile – 1] keychain 1　　// 默认采用的就是主模式

[MSR36 – 20_1 – ike – profile – 1] match remote identity address 20. 1. 1. 2 255. 255. 255. 255　　// 封装的对端目的地址是对端出端口的公网地址,local address 不需要配置,默认使用公网出端口的地址

[MSR36 – 20_1] ipsec policy 1 10 isakmp　　// 配置 IPSec 策略,并且加密和验证算法不采用手工配置,而采用自动协商

[MSR36 – 20_1 – ipsec – policy – isakmp – policy1 – 1] security acl 3000

[MSR36 – 20_1 – ipsec – policy – isakmp – policy1 – 1] remote – address 20. 1. 1. 2

[MSR36 – 20_1 – ipsec – policy – isakmp – policy1 – 1] transform – set 1

[MSR36 – 20_1 – ipsec – policy – isakmp – policy1 – 1] quit

[MSR36 – 20_1] interface gigabitethernet 2/0/2

[MSR36 – 20_1 – GigabitEthernet2/0/2] ipsec apply policy 1　　// 把 IPSec 策略在公网出端口生效

[MSR36 – 20_1 – GigabitEthernet2/0/2] quit

[MSR36 – 20_1] ip route – static 192. 168. 2. 1 32 20. 1. 1. 2　　// 把私网报文交给公网出端口,触发 IPSec 的封装

MSR36-20_2 的配置与 MSR36-20_1 类似,这里不再赘述。

IPSec 配置完成的效果:

```
[H3C]sysname MSR36-20_1
[MSR36-20_1]ping -a 192.168.1.1 192.168.2.1
Ping 192.168.2.1 (192.168.2.1) from 192.168.1.1: 56 data bytes, press CTRL_C to brea
k
Request time out
56 bytes from 192.168.2.1: icmp_seq=1 ttl=255 time=1.133 ms
56 bytes from 192.168.2.1: icmp_seq=2 ttl=255 time=1.114 ms
56 bytes from 192.168.2.1: icmp_seq=3 ttl=255 time=1.072 ms
56 bytes from 192.168.2.1: icmp_seq=4 ttl=255 time=1.115 ms
```

第一个报文触发 IPSec 的安全机制

如果配置的是 IPSec 的野蛮模式,此时 IPSec 配置完成需要从有 remote identity address 的一侧进行 Ping，反向 Ping 时会发现 Ping 不通。

IPSec 的缺陷：IPSec 的最主要特点就是 IPSec 不能传递广播或者组播报文，这就导致配置了 IPSec 的私网不能配置动态路由协议。而 VPN 当中的 GRE VPN 有个最大的特点就是可以封装广播或者组播报文，所以在 IPSec 的基础上提出了 GRE over IPSec VPN 和 IPSec over GRE VPN。

很多工程师在配置这两个技术时，经常被这两个 VPN 的复杂配置搞混。其实不论对于 GRE over IPSec VPN，还是 IPSec over GRE VPN，只要掌握了报文的封装过程，这个难题就迎刃而解了。

下面的内容单纯从报文的封装过程进行讲解。

GRE over IPSec VPN 报文的封装如图 5-54 所示。

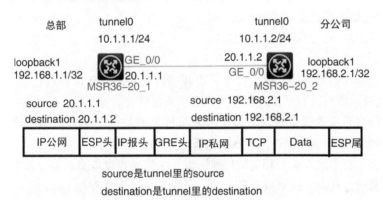

图 5-54　GRE over IPSec 报文封装

1）Acl 的配置：Acl advanced 3000。

Rule permit gre source 20.1.1.1 0.0.0.0 destination 20.1.1.2 0.0.0.0

2）私网地址，tunnel 口地址属于私网地址，如果私网配置的是动态路由，那么这些地址需要在私网进行宣告。

3）IPSec 策略在公网的出端口上调用。

IPSec over GRE VPN 报文的封装如图 5-55 所示。

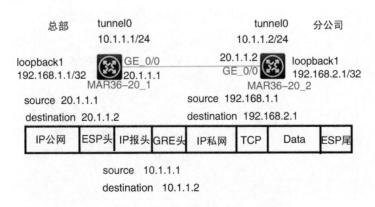

图 5-55　IPSec over GRE 报文封装

1）Acl 的配置：Acl advanced 3000。

Rule permit ip source 192.168.1.1 0.0.0.0 destination 192.168.2.1 0.0.0.0

2）IPSec 策略在 GRE 的 tunnel 口上调用。

5.2.2 项目实施流程问题分析

综合性企业网络项目在实施流程的整个时期，是每一个小型项目在实施过程中的问题汇总。在项目实施的前期需要对整个项目的流程进行反复论证，尽可能周全地考虑项目过程中遇到的问题。

项目实施前期主要是确定项目管理和实施人员，召开项目会议，制订项目计划。

项目实施过程主要是进行项目各项资源协调，同时项目进度按照之前的项目计划进行，并对项目中遇到的问题进行评估和商讨解决方案。

项目结束阶段对项目进行测试验收工作。

黑镜头：

1）网络工程师在收到货物之后，选择了边开箱边安装的方式，导致在设备安装过程中发现缺少部件，这时只能对所有纸箱进行逐一检查找到部件。

2）收到货物之后发现设备破损，但是因为项目工期紧，发现破损不严重，就直接使用，结果设备上架因设备变形而不能插入单板的情况。

3）设备安装过程中没有做好相应的接地防雷，结果导致设备遭雷击导致设备击穿。

4）安装设备时，如果有挂耳或者托盘的，需要安装全挂耳或者托盘。

5）项目在实施过程中，现场工程师遇到疑难技术问题，工程师感觉通过自己的专业能力可以解决问题，所以花了大量时间排错，最终问题没有解决，还耽误了时间。

对于网络工程师而言，如何高效处理问题需要根据现场状况灵活的进行判断，必要时应该及时求助。H3C 公司有技术支持的电话，通过电话及时解决问题。

总结：对于项目实施工程师而言，在项目实施的过程中，扎实过硬的技术是项目成功的基石，及时的沟通是成功的保障。项目中涉及方方面面，都是需要工程师协调，有时及时的协调可以达到事半功倍的效果。

第 6 章 项目工程总结与技术展望

6.1 项目工程总结

6.1.1 工前准备阶段总结

工前准备阶段包括了解项目计划安排、确定项目经理的职责。项目进行过程当中经常会出现因某些问题的偏差而导致相互推诿的情况,这种情况下就需要项目经理在项目开始之前就要实现明确各方责任。

6.1.2 工程实施阶段总结

工程实施阶段涉及项目工程当中具体的操作,这个阶段是整个项目工程时间节点的核心。项目工程当中的一些经典案例一般也是出自这个阶段,比如在开箱验货时,出现丢失许可的情况,导致重新申请许可,浪费了大量的时间。再如工程实施过程中,在安装设备时,因安装不规范而导致设备烧坏的情况层出不穷。所以在工程实施的过程中可以让经验丰富的老工程师对项目组的其他成员进行有效管控。

6.1.3 工程收尾阶段总结

工程收尾是整个项目结束之后的收尾阶段,在该阶段要经过一系列的测试验收工作,判断网络的组建是否满足预期的要求,验收若出现问题要重新进行整改。验收合格之后,完成一系列的现场和生产资料的移交工作,同时签署验收移交报告。

项目工程验收的标准是指判断项目产品是否合乎项目目标的根据,一般包括以下内容:

1) 项目合同书。
2) 项目验收的依据。
3) 工作成果。工作成果是项目实施的结果,项目收尾时提交的工作成果要符合项目目标。只有工作成果验收合格,项目才能终止。因此,项目验收的重点是对项目的工作成果进行审查。

4）成果说明。项目团队还要向客户提供说明项目成果的文件，如技术要求说明书、技术文件、图纸等，以供验收审查。项目成果文件随着项目类型的不同而有所不同。

5）项目验收。项目的验收过程是一个相当复杂的工作，而建设工程的验收则更加复杂，需要多方的协同合作，因此还要参考更多的相关资料，并在实际工作中积累经验。

6.1.4 小型企业网项目工程技术总结

虽然小型企业网用到的技术有限，但是实际项目过程中仍需要注意项目实施的每一个环节。同时在实际配置过程中，因为实施环境简单，对于工程师而言，一般不会出现太大的问题。之前在小型企业网技术分析的过程中，由浅入深地介绍了项目中用到的技术，同时提出了扩展的 BFD 技术，都是为了解决企业网面临的问题。

6.1.5 中型企业网项目工程技术总结

中型企业网项目实施主要是对园区网络的搭建以及园区网络 VRRP、MSTP 和 IRF 技术进行了介绍。其中 IRF 是非常有闪光点的技术，其做到的虚拟化和防环技术在核心网络上应用非常多。现在 IRF 技术已经发展到了第二代，呈现出了更多的新业务和新应用。MSTP 技术则是园区网络技术中一种非常常见的技术，在很多企业中都有应用。

6.1.6 综合型企业网项目工程技术总结

综合性企业网络项目流程对整个项目的实施流程全过程进行了介绍和总结（按照一个规范的项目流程进行介绍），包括了从项目实施前的确定项目组成员，到项目的实施规划，再到项目的实施一套流程。通过这章的介绍给读者呈现一个完整的项目流程，在今后项目实施的过程中有所参照。在项目配置环节，整个项目最复杂的地方就是在路由的选路。不同的业务流需要走不同的路线，这对工程师的技术功底是一个非常大的考验，这一阶段需要工程师把技术知识能够融会贯通。章节的最后依然设置了项目的排错内容，涉及 VRRP 的排错、OSPF 的排错和 IPSec 的技术。

6.2 未来网络发展趋势与新技术介绍

6.2.1 未来网络发展趋势

在过去几年里，个人智能终端持续的爆发性增长，各中小型企业和大型机构的数据网络不断扩容，无线和固定超宽带服务持续增长，这些都会影响着通信产业的未来，而且从根本上改变了人类的生活和沟通方式。

这一改变的核心当然就是网络，网络是让每位用户得以连接在一起的底层架构。时至今日，除了依靠网络，用户别无选择。用户需要拿着手机寻找 Wi-Fi 网络或者 4G 服务。一方面，云服务的普及，使得越来越多被简化的"傻瓜型"设备连接到云上，这些设备可能只需要提供数据连接和显示能力,所有数据处理工作由强大的"云"来完成,但海量数据的传送需要强大的网络支持;另一方面,随着接入网络的设备日益增加,包括电话、可穿戴设备甚至互联网汽车,企业和机构(如政府、金融、教育等)不断产生更多的数据,显然今天的网络将难以为继。

预计到 2017 年将有近 40 亿人使用网络,视频流增长将超过 7 倍,云和数据中心流量增幅达到 4 倍,云市场规模是现在的 2 倍,平均带宽增长 3 倍;而去年平板的销量已超过 PC 和便携式计算机的总和,可见更多的智能移动终端会接入网络。

基于传统架构设计的网络即使不断新增及叠加,周而复始地进行昂贵的升级,也在能力和经济上都无法满足未来的通信发展的需求,是一种劳民伤财、低能低效、不可持续的方式。

市场需求的强大推动力使得基于 IP 的网络演进势在必行。企业期望针对动态的市场和客户需求,实施新的业务策略并开拓新的市场机会,而这一切无不以网络为基石。这正在促成网络愿景——2020 Network 得以成形,并促使用户在未来网络所需的创新技术上进行投入,如图 6-1 所示。

图 6-1 云计算

未来的网络将具备下述特征:
1)最高性能。
2)单位流量具备最低成本。
3)最为个性化——包括个人和企业。

网络应具备快速的响应能力,以近乎即时的速度为所有结点提供连接。为实现这一目标,网络应做到在任何时间提供云的无缝连接,贴近用户、更安全、更快、能够感知用户的实时状态变化。所有这一切都需要一个具备大容量和智能特性的强大的 IP 网作为支撑。

网络也因此将成为一个公司、企业最重要的竞争优势。

6.2.2 新技术介绍

SDN(Software Defined Network,软件定义网络)是一种新型的网络创新架构,是网络虚拟化的一种实现方式,其核心技术 OpenFlow 通过将网络设备控制面与数据面分离开来,从而实现了网络流量的灵活控制,使网络作为管道变得更加智能,如图 6-2 所示。

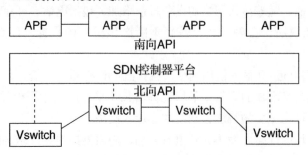

图 6-2 SDN 体系

  传统 IT 架构中的网络，网络根据业务需求部署上线以后，如果业务需求发生变动，必须重新修改网络设备上相应的参数，配置过上述几个案例的读者不难发现，这是一个非常繁重的工作。在现今网络规模越来越大，特别是最近几年 IDC 迅猛发展的大背景下，传统的网络工程师正面临着巨大的挑战。SDN 所做的事是将网络设备上的控制权分离出来，由 SDN 控制器集中进行管理，无须依赖底层网络设备，屏蔽了来自底层网络设备的差异。而控制权是完全开放的，用户可以自定义任何想实现的路由策略和传输规则，从而更加灵活和智能。

  使用 SDN 之后，用户不需要关心底层的互通问题，本身网络在搭建时，底层就是互通的，用户只需要定义一系列的转发和访问控制规则。如果用户还有其他特殊需求，可以通过编译的方式自行定义网络当中的策略和规则。另外，SDN 可以让网络变得更加智能，相信学习和配置过 QoS 的读者一定对这一技术影响深刻，带宽管理技术本身在企业中就是一个非常复杂和很难控制的问题。SDN 则可以使得带宽管理变得更加开放、更加灵活，正是这种业务逻辑的开放性使得网络的发展空间变为无限可能。

  不可否认 SDN 是未来网络发展的大趋势，但是标准不统一将会阻碍 SDN 的快速发展，相信在谷歌等互联网企业的驱动下，各网络厂商都会对 SDN 架构做出快速反应，同时也会催生一批初创企业来推动 SDN 的发展。

参 考 文 献

[1] 王建平. 网络工程 [M]. 北京：清华大学出版社，2013.
[2] 雷震甲，等. 全国计算机技术与软件专业技术资格（水平）考试指定用书网络工程师教程 [M]. 北京：清华大学出版社，2014.
[3] 孙兴华，张晓. 网络工程实践教程——基于 Cisco 路由器与交换机 [M]. 北京：北京大学出版社，2010.
[4] 陆魁军，等. 计算机网络工程实践教程——基于华为路由器和交换机 [M]. 北京：清华大学出版社，2005.
[5] 张宜. 网络工程组网技术实用教程 [M]. 北京：中国水利水电出版社，2013.
[6] 陈康. 计算机网络实用教程 [M]. 北京：清华大学出版社，2007.
[7] 胡生红，毕娅. 网络工程原理与实践教程 [M]. 北京：人民邮电出版社，2008.
[8] 胡胜红，陈中举，周明. 网络工程原理与实践教程 [M]. 北京：人民邮电出版社，2013.
[9] 杭州华三通信技术有限公司. 路由交换技术 [M]. 北京：清华大学出版社，2011.
[10] 杭州华三通信技术有限公司. 中小型网络构建与维护 [M]. 北京：清华大学出版社，2015.
[11] 王达. H3C 交换机配置与管理完全手册 [M]. 北京：中国水利水电出版社，2013.
[12] 王波. 网络工程规划与设计 [M]. 北京：机械工业出版社，2014.